100

新知
文库

XINZHI

The Way of the Panda:
The Curious History
of China's Political Animal

The Way of the Panda: The Curious History of China's Political Animal

by Henry Nicholls

来自中国的礼物

大熊猫与人类相遇的一百年

[英] 亨利·尼科尔斯 著　黄建强 译

生活·讀書·新知 三联书店

图书在版编目（CIP）数据

来自中国的礼物：大熊猫与人类相遇的一百年／（英）亨利 · 尼科尔斯（Henry Nicholls）著；黄建强译. —北京：生活 · 读书 · 新知三联书店，2018.5
（新知文库）
ISBN 978－7－108－06230－7

Ⅰ. ①来… Ⅱ. ①亨… ②黄… Ⅲ. ①大熊猫－保护 Ⅳ. ① Q959.838

中国版本图书馆 CIP 数据核字（2018）第 022455 号

特邀编辑 王天仪
责任编辑 徐国强
装帧设计 陆智昌 康 健
责任校对 张国荣
责任印制 卢 岳
出版发行 生活 · 讀書 · 新知 三联书店
（北京市东城区美术馆东街 22 号 100010）
网 址 www.sdxjpc.com
图 字 01-2018-2732
经 销 新华书店
印 刷 北京市松源印刷有限公司
版 次 2018 年 5 月北京第 1 版
2018 年 5 月北京第 1 次印刷
开 本 635 毫米 × 965 毫米 1/16 印张 18
字 数 217 千字 图 41 幅
印 数 00,001－20,000 册
定 价 45.00 元
（印装查询：01064002715；邮购查询：01084010542）

新知文库

出版说明

在今天三联书店的前身——生活书店、读书出版社和新知书店的出版史上，介绍新知识和新观念的图书曾占有很大比重。熟悉三联的读者也都会记得，20世纪80年代后期，我们曾以“新知文库”的名义，出版过一批译介西方现代人文社会科学知识的图书。今年是生活·读书·新知三联书店恢复独立建制20周年，我们再次推出“新知文库”，正是为了接续这一传统。

近半个世纪以来，无论在自然科学方面，还是在人文社会科学方面，知识都在以前所未有的速度更新。涉及自然环境、社会文化等领域的新发现、新探索和新成果层出不穷，并以同样前所未有的深度和广度影响人类的社会和生活。了解这种知识成果的内容，思考其与我们生活的关系，固然是明了社会变迁趋势的必需，但更为重要的，乃是通过知识演进的背景和过程，领悟和体会隐藏其中的理性精神和科学规律。

“新知文库”拟选编一些介绍人文社会科学和自然科学新知识及其如何被发现和传播的图书，陆续出版。希望读者能在愉悦的阅读中获取新知，开阔视野，启迪思维，激发好奇心和想象力。

生活·讀書·新知三联书店

2006年3月

目　录

第二部　环游世界之旅

第三部　大熊猫的保护工作

引　言

关于熊猫，除了毛色之外，其身上很少有黑白分明的部分。它比较像熊，还是像浣熊呢？它吃的食物中99%都是竹子，但为何又是肉食性动物呢？如果它们不喜欢性（这是一般人的看法），这个物种又怎么能存活几百万年呢？这种稀有而难得一见的动物，为何会让我们感到亲切熟悉呢？

最后的这个谜题尤其令人讶异，因为直到1869年以后，中国境外的人们才知道有大熊猫这种动物存在（中国境内也鲜有人知）。因此，这个物种在不到一百五十年的时间里，从默默无闻的角色摇身一变，成了全球动物园的明星。甚至可以说，在短短一百年的时间里，熊猫就风靡了整个人类社会。对我而言，这真是十分神奇的事情。

在1966年出版的《人与熊猫》（*Men and Pandas*）一书中，著名的动物学家德斯蒙德·莫里斯（Desmond Morris）和他的妻子拉莫娜（Ramona）曾思考过熊猫有哪些讨人喜欢的特征。[1] 其中的许多描述，例如扁平的脸蛋、黑色的眼圈以及婴儿一般的身材比例，的确会让人自然而然地感受到熊猫的可爱。熊猫很讨人喜爱，这还有什么可怀疑的呢？但我比较想了解这一特点的形成过程与要素。我希望考察大熊猫的历史脉络——我称之为“大熊猫与人类的相遇之旅”——中的各个环节。

使我这样做的原因有很多，不过主要是因为这是一部有趣的历史、一个非常好的故事。身为作家，这会是我主要的关注点。我想写出大家想读的故事，我也希望你们会享受这个集万千宠爱于一身的动物曲折迂回的故事，就像我在从事关于它们的研究与写作时，所获得的喜悦一样。

不过我在考察熊猫与人类的互动过程时，心里也还有其他想法。我们都知道大熊猫广受欢迎的程度、这个物种所代表的象征性角色、它们超强的集资能力、科学家为了解它们的生态所付出的学术努力，以及政治人物为了保护它们所投注的心力等。因此，不足为奇的是，在这些背景之下，熊猫之旅同时也展现了一部动人的人类历史。就像熊猫不知从何而来，却成为地球上最广为人知的物种一样，中国也挣脱了西方殖民主义的羁绊，变成今日自给自足的经济大国。因此，有关熊猫的思考也可以十分巧妙地帮助我们了解现代中国如何崛起并拥有了全球支配地位。

同时，大熊猫是一个很好的反思对象，可以让我们好好思索一下在20世纪中，我们对于动物与大自然的态度经历了哪些转变。对于这种动物，我们人类先是猎杀它们并剥取毛皮，后来为了将热切的人潮吸引到动物园来而搜寻活体动物，现在则是努力地保护自然栖息地里的熊猫。虽然目前我们的知识已经相当进步，不过，令人吃惊的是，对这个物种我们的所知仍然极其有限。这种无知状态的最好例证是英国与美国的一种普遍看法，它认为大熊猫是一种适应不良的物种，就算绝种也是应该的。正如克里斯·卡顿（Chris Catton）在其1990年出版的《熊猫》（*Pandas*）这本杰作中所说：

“长久以来一直存在一种流行的看法，认为大熊猫是一种对环境适应不良，且几乎对其本身存活所需的各项技能一窍不通的动物。”[2]

从2009年BBC博物学播音员克里斯·帕克汉姆（Chris Packham）以下有关熊猫的公开言论中，就可以看出这种观点极其轻蔑的一面。他告诉“广播时代”：“这个物种自己走向了演化的末路，算不上什么强健的种类。”[3] 这种看法显然十分愚蠢，因为熊猫（或更准确地说，外表很像我们所熟悉且喜爱的熊猫的祖先）所存在的时间已有几百万年之久，比现代人类存在的时间还要更久一些。而且要是你有办法吃竹子的话（熊猫可是吃竹子的个中好手），它是一种十分稳定的食物来源，因为在没有人类的世界中（如同大熊猫演化史中的大部分时间一样），这种坚硬的植物都会不断地生出可供食用的竹笋。熊猫从事性爱的方式跟我们的确不太一样，但是没有理由认为它们的生殖方式会比我们的更低效。这些都不会让我觉得熊猫是一个孱弱的物种。

四川省雅安市北郊的碧峰峡大熊猫基地，一只人工饲养的大熊猫正嚼食着员工所提供的大量竹子

不过从过去的经验中我知道，无论有多少严密的论据，都无法让大熊猫摆脱滑稽的动物形象。这就像是2008年的卖座动画片《功夫熊猫》里不太靠谱的英雄阿宝一样。我对大熊猫的意见，无论怎么仔细拿捏，总是会输给那一只可以用肥油大肚把对手弹到不见的“大胖熊猫”。所以与其斥责人们对于大熊猫的无知误解，以及有时并非完全出于无知的扭曲，我将试着去理解其原因。我特别想知道大熊猫在哪些时候、哪些地方，出于什么原因，会变成人们嘲弄的对象。关于此点，我已经有了一些粗浅的看法。

我将一百多年来熊猫与人类的互动过程分成三个部分。第一部分涵盖1869—1949年的八十年，主题几乎都是西方对于熊猫的执迷：我们将探寻19世纪60年代时一位法国天主教传教士所完成的对大熊猫的正式科学发现历程，了解欧洲（为主）对于如何命名这种奇特动物的争议，并追访北美地区（为主）的博物馆委托专家射杀此动物以搜罗标本的竞争过程，以及随后转为竞相收集活体动物以在西方动物园中展示的经过。在这一时期，中国正急于脱离西方殖民主义的控制，以新的民主制度取代日薄西山的帝国体制，并且对抗日本令人难以置信的侵略行为，因此在熊猫的故事中扮演着被动的角色。

本书的重心在第二部分，也以此为主轴，年代横跨1949—1972年。在这一部分中，我们将聆听姬姬这只熊猫的故事，它的传奇一生诉说了那个混乱时代的许多点点滴滴。我们将得知围绕着它由中国前往西方的旅程的“冷战”时期的紧张形势、它在1961年世界野生动物基金会（World Wildlife Fund）的成立过程中扮演的角色、将它与苏联熊猫安安进行配对的尝试，以及它死后独特但非常真实的生命。在这个时期，中华人民共和国开始维护其对大熊猫的所有权，利用此物种与它的形象，来强化国内与国外（意识到了西方对任何有关熊猫事物的狂热）的国家认同。

在第三部分，也就是1972年至今的这个阶段里，人们终于开始从科学的角度来决定我们究竟该如何对待大熊猫。我们将看到中国政府送给美国的一对熊猫如何变成严肃科学研究计划的对象、中国与（借助世界野生动物基金会名义的）西方如何开始进行野生熊猫的研究、动物园和其他机构如何开始在人工饲养的环境中成功地繁殖出熊猫，同时我们也将思索这个物种的未来。在这最后一部分的描述过程中，我们看到中国如何控制了大熊猫的未来，或许也掌控了世界的未来。

那么，闲话少说，就让我们随着熊猫展开旅程，体验熊猫的毛手毛脚所到之处所引起的风潮：过去数十年来熊猫一直让科学家难以分类；它们用机智胜过猎人，逃脱陷阱的纠缠；它们让大众蜂拥追随，让动物园的旋转栅栏门一刻不闲；它们从事外交之旅；它们变成商标品牌，企业和慈善机构的标志；它们成为全球动物保护的代表；它们吸引具有聪慧科学头脑的人员花大量的金钱来研究它们。在此，我将把这个中国政治动物的奇特历史呈献给您。

第一部

与人类的第一次接触

第一章

完美无瑕的黑白熊

邓池沟天主教堂阴郁的大门，大部分时间都是锁着的。不过每周有一次，就是在星期日的时候，这扇大门会开着，让当地居民来这个中国四川省现存最古老的天主教堂之一做礼拜。有时候，也许一个月里会有几次，一些特殊的访客不循着大路，却从灰蒙蒙的山谷往上走，前来拜访这个基督教的前哨基地。他们不是受到上帝的召唤，而是被大熊猫吸引来的。

1869 年时，阿尔芒·戴维（Armand David），一位来自法国且热衷于博物学的传教士，就在这个偏远的地方（四川邓池沟），成了第一个目睹这种神奇动物的西方人。由于他的“发现”，才有了对这一动物物种的正式科学描述，人类对于熊猫的迷恋也因此开始逐渐席卷全球。虽然在戴维之前，邓池沟与其他村庄的居民一定早就看过这种动物，不过这种机会也不是常有的。而在这类村落之外，似乎没人知道熊猫的存在。

这种现象真的很令人惊奇。为何在今日一眼就可分辨的物种竟然到如此晚近的 1869 年还几乎无人知晓？特别是在解剖学上属于现代人类的人已在中国生活了数万年之久，而且中文的文献记录可追溯到几乎三千年以前，其中的内容甚至提及更久以前的事情，这真令人惊讶不已。由于人类在中国已有长远的历史，实在很难想象会没有人曾经见过大熊猫，尤其是（我们假定）以前熊猫的数量不少，碰到的机会应该更高。而且如果有人在森林里巧遇这种外形显眼的动物，应该会跟别人说起才对，不是吗？有关这种动物的文字叙述一定会出现在浩繁的历史文献中。一定也有人曾提笔蘸墨，刻画出这种野兽可爱迷人、黑白分明的形象。这样的推论不是合情合理吗？

许多人曾经怀抱着文学或艺术梦想，踏上探险的路途，想一探形似大熊猫的动物的究竟。同时也有许多目击记录，不过这些记录的真伪仍存在难解的疑问。部分原因是我们在查看这些古文献时，总是被我们现有的熊猫知识所阻碍。我们心中对于熊猫毛茸茸的形象已经先入为主，容易把与此不符合的叙述去除，而无法确定这些有关动物的描述是不是真的指熊猫。在既有看法牢不可破的情况下，让我们依照可能性的高低，来一一检视可能描写了熊猫的动物文献。

排名最后，也是第三位的是貔貅。《尔雅》是中国最古老的字典，据信始自公元前3世纪，其中将这种动物描绘为“似虎或熊”。[1] 这可能就是熊猫。不过，也可能不是熊猫。根据司马迁撰写于次一世纪的《史记》，貔貅是一种凶猛的动物，非常适合作为祥兽，可以在战争前鼓舞战士精神。虽然很难把大熊猫看作极具攻击性的野兽，不过猎人想象力充分发挥后的奇思幻想，也可能影响了这种神话般生物的身份认定。

排在貔貅之前，处于第二位的是貘。这个名称出现在16世纪大博物学家李时珍的作品之中，他叙述貘是居于四川的食竹动物。

听起来，这的确像是熊猫，不过李时珍和其他人一直提到貘是一种凶猛的动物，却跟实情不符。这种不一致的描述，有些像是熊猫，有些又不像，令人困惑。其中一种解释是说，对貘的叙述里其实包含了大熊猫与亚洲貘这两个不同的物种，而不是单一种。今日这两种动物不会在同一片森林里出现，熊猫仅限于海拔较高的中国竹林分布区中，而貘则漫游于缅甸到苏门答腊的雨林之内，但它们的分布区域曾经重叠，直至一千年前，貘还出现在北至黄河的区域。历史学家埃琳娜·桑斯特（Elena Songster）在她即将出版的新书《熊猫国度》（*Panda Nation*）中指出貘与大熊猫可能会被互相误认。[2] 她写道："它们的毛色极其类似而且体型也相仿"，这种看法的破绽是貘的攻击性不比熊猫强。英国第五代克兰布鲁克伯爵（Earl of Cranbrook），同时也是亚洲貘专家的盖索恩·盖索恩－哈迪（Gathorne Gathorne-Hardy）说："貘的温驯是出了名的，稍稍凶猛一点也许早可让它们在拥挤的世界里多占一点位置。"[3]

最可能的就是驺虞。在《诗经毛氏传》中，驺虞的形象是"白虎黑文，不食生物，有至信之德则应之"[4]。听起来像是只熊猫，不像吗？

如果古文中所记载的貔貅、貘、驺虞或其他隐约像是熊猫的生物就是熊猫，那么这些动物应该也会频繁出现在其他文献之中[5]：大约两千多年前，熊猫可能是皇帝位于西安附近的园邸中所畜养的珍奇动物之一；在 7 世纪的时候，唐朝的某位皇帝可能赏赐有功群臣一人一张熊猫皮毛；而他的孙子则将一对可能是熊猫的活体动物送到日本作为友善之礼。类似的记载不胜枚举。

这些奇妙故事的背后，有一个问题，那就是我们无法确定这些古代作家所谈论的真的就是熊猫。如果这些故事有些许的真实性，而中国人又已认识熊猫几千年之久了，那么为什么没有人会想描绘或画出它们的样子，或者把它们的形象以彩釉画在皇宫中数以万计的美丽瓷器上呢？这又衍生出另一项奇怪的事实：目前所知的与大熊猫相关艺术作品最早在19世纪时才出现。这项事实所强烈暗示的是一直到很晚近都还没有多少人知道中国境内有这种动物。就如我们将在第三章看到的一样，一心一意只想发现（并且射杀）熊猫的猎人，在进入山林后才惊觉这项任务远比他们所想象的还要困难。对历史学者桑斯特来说，这个证据充分显示了这种今日无人不知的动物，直到阿尔芒·戴维让它跃在国际舞台上之前，都还只是传言中的话题而已。

关于阿尔芒·戴维，也许你没听过他的名字，但你家的花园里的花花草草很可能得感谢他。一些受欢迎的园艺植物，像大叶醉鱼草（*Buddleia davidii*）、小木通（*Clematis armandii*）和大叶铁线莲（*Clematis davidiana*）都是他所收集，并以他的名字来命名的。还不止于此，山桃（*Prunus davidiana*）、川百合（*Lilium davidii*）和川西荚蒾（*Viburnum davidii*）等也都一样。戴维在中国度过的日子超过十年，探访过北京郊外数十次，并进行过三次大探险，发现了一千五百种科学界此前所不知道的物种。在他之前，这些物种的分布仅限于亚洲，其中有许多是中国偏远地区的特有种。今日，如果你的花园中确实没有戴氏品种的植物，那么你从家门前挪上几步远，应该就会有所发现。

戴维算是业余的博物学家，因为在他的记忆中，他在30多岁才离开他位于法属比利牛斯山区的家乡，去完成另外一种全然不同的使命。他写道："我的愿望是竭尽所能，加入过去三个世纪以来努力使远东地区众多人口皈依基督文明的传教士行列，过艰难但有价值的日常传教生活。"[6] 经过多年向巴黎天主教会的争取，戴维终于获派前往中国，向这个他们认为适合转信基督的民族传播福音。自从于1862年抵达中国，一直到1866年的期间内，他都待在北京的一个遣使会里，不过他也获得了一些空间，可以从事自己在博物学方面的兴趣。如同戴维所说的："所有的科学都是对于上帝所造之物的研究，也是荣耀造物者的行为。"[7]只要是可以拿得到的书本，他无所不读；为了消磨时间，他也短暂地前往郊区去采集样本，并将标本寄回位于巴黎的国家自然博物馆。

在1866年的某一场探险旅途中，戴维终于抑制不住其在博物学方面的兴趣。他听说位于首都南方几英里的皇家猎苑里有一种奇怪的生物。据说这种生物的角像鹿，脖子像骆驼，蹄像牛，而尾巴像驴子。尽管猎苑有高墙围绕，并派驻士兵防止入侵，而杀害这种奇兽还得冒着被判处死刑的风险，戴维还是成功地取得了一只母兽与一只幼兽的皮毛与骨骸。在巴黎，整日埋首伏案的动物学家，也因为这只尚未为人知晓的动物的到来而起身观看。他们大受震撼，因此将其以戴维的名字命名为 *Elaphurus davidianus*（中文名为麋鹿），较常见的名称则是戴维神父鹿（Père David's Deer）。

戴维的信心大增，在该巴黎博物馆的资金支持之下，他出发前往北京西部山区这个"尚未有任何欧洲人寻访的地区"[8]进行勘查。但他自己也承认，在他八个月的行程之中，收获并不"突出"。他的第三次与最后一次探险行程横跨1872—1874年，虽然他的行程深达中国中部，不过他的努力却因为疾病缠身而收获有限。

1868—1870年的第二次探险行程是他获得最多博物学宝藏的一次行程。他从天津出航，越过黄海来到上海，然后上溯长江1000英里之远，抵达位于中国西部辽阔的四川省。戴维在三十年之前兴建完工的邓池沟天主教堂定居下来，开始在这个乡间村落从事福音传播的事工，同时也为巴黎自然博物馆的雇主收集了上千种

1866 年所绘的麋鹿插图，这种学名以戴维命名的动物在 20 世纪初于中国消失，直到 70 年代从英国迎回并加以繁殖

动植物标本。1869 年 3 月 21 日，抵达这个传教区没多久后，戴维在野外收集标本时，受到当地李姓猎户的邀请，到他家里享用“茶点”。就在这个地方，他碰巧发现了一只怪异的新物种，它有着纹路分明的刚硬皮毛，“一只完美的、黑白分明的熊”[9]。

回到教区之后，戴维在晚餐前的空当里请来了某些他所雇用的猎户。他向他们描述了他在那天下午所看见的黑白色熊皮，并请他们把这种动物列入他的请捕单。当晚他在日记上写道：“我很高兴听到我的猎户说没多久我应该就可以得到这种动物。他们跟我说，明天他们会出门去打猎，我想这种野兽将对科学增添新趣味。”[10] 几天之后，戴维的猎户用两根长竹竿绑着一只大野兽回来了。不过，却不是他所盼望的黑白熊，而是只体型庞大的黑野猪。戴维一眼就发现这只野兽的短耳、长脚与硬毛跟他小时候所认识的欧洲野猪不同，经过一番讨价还价，这位博物学家要到了这具标本，猎户们也得到了钱。当猎户离开再去猎捕黑白熊时，戴维和他的用人也出发朝教堂上方的广大山区前进。这次的探险让他们差点无法生还。1869 年 3 月 17 日戴维的日记只留下一个没有答案的疑问，他到底在想什么？

这两人在天亮时离开教堂[11]，在十一点前就走了好长一段路。之后他们所走的路却是沿着一条汹涌的溪流，最后消失在一大群“流水飞溅、布满泡沫”的瀑布底端。他们嚼着“浸湿的面包皮”时，戴维思考着下一步的行动。他们该走回头路，还是在溪流两边的峭壁找一条往上的路呢？你不妨猜猜看。

> 整整四个小时的时间里，我们攀爬一块又一块的大石，紧抓着树枝与树根，能爬多高就多高。除了垂直的山壁以外，所有地方都布满了冻雪……有时我们只用双手攀住峭壁，幸好在我们所悬着的地方有树和灌木丛挡着，我们才没有看清深不见底的峡谷。

最后当他们决定折返时，沿着布满冰雪的路下山不可能不跌倒摔伤。

> 有时我们跌落在半融的雪上，有时我们紧抓着的树枝断了，我们只好摆向另一根树枝或附近的大石。幸好我的年轻伙伴眼力超乎我对一般中国人的期待；不过我还是两次在他已经滑至深谷边缘时抓住了他。他说我们俩大难不死，必有后福。

对戴维和本故事来说，值得庆幸的是他们没有因此丧命。戴维的生还对他所雇用的那群猎户来说，也一定值得欣慰，因为几天之后他们就带来了一只年轻的黑白熊。在戴维依然精疲力竭时，面对一个满脸急切、几乎是不计代价的买家，他们得以用“非常高的价

天主教传教士阿尔芒·戴维于1869年将大熊猫标本送回巴黎自然博物馆，人类对于熊猫的迷恋开始有增无减

钱”把这只野兽卖给他。[12] 戴维把这只冷冰冰的僵硬尸体带进驻区神父迪格里泰（Father Dugrité）供他使用的房间里。他把它轻轻地放在工作桌上，拿起他的手术刀，然后马上开始工作。

19世纪时，传教士涉入博物学是非常普遍的现象。许多最为重大的发现都是由戴维这样的天主教传教士所完成的，至少在中国是如此。范发迪（Fa-ti Fan）在《清代在华的英国博物学家：科学、帝国与文化接触》（*British Naturalists in Qing China: Science, Empire and Cultural Encounter*）一书中说：“没有任何一位新教传教士可以达到他们一半的成就。”[13] 其中原因据她解释，是因为新教徒通常携带家眷一起来到中国，大部分以沿海城市为根据地，且倾向于维持他们的西方生活方式。相比之下，单身的天主教徒流动性较强，且会在中国各地设立传教网络，作为深入内地的中转站，而这些地方通常就是最为丰富与奇特的动植物的发现地点。天主教徒也较容易接受当地文化，其穿着与生活方式与当地民众一样，而且会大量利用他们对于自然界的知识。

由于天主教徒拥有丰富的博物学知识，因此掀开中国博物学面貌的功劳大部分归功于欧洲天主教徒，也就不足为奇了。首开蹊径是古伯察（Evariste Régis Huc），他在 1839 年来到中国。1844 年时，他与皈依天主教的西藏传教士秦噶哔（Joseph Gabet）合作，动身前往西藏。他的《鞑靼和中国西藏、内地游记》（*Souvenirs d'un voyage dans la Tartarie, le Thibet, et la Chine pendant les années 1844, 1845 et 1846*）出版于 1850 年，其内容充满冒险事迹，激励了包括戴维在内的新一代传教士纷纷仿效，竞相奔走海外。巴黎自然博物馆非常高兴为这些拥有良好教育与地位的传教士科学家提供资金，支持他们的收集工作。1868 年戴维在前往四川的路途中拜访了上海郊区的一家天主教堂。在这栋“精细、宏大的建筑物”里，同样爱好博物学的韩伯禄（Pierre Heude）神父保存了一批动物收藏，不过在戴维来访之时，他本人却外出“收集长江的鱼类”了。戴维写道：“我希望他们的研究可以让我们国家博物馆的收藏更丰富。”[14]

同时还有赖神甫（Jean Marie Delavay），他是活动于广东省与昆明地区的生物学家，戴维后来在 1881 年时于巴黎和他会面。赖神甫寄回法国的植物标本超过二十万件。除此之外，另一位天主教传教士，保罗·法尔热（Paul Farges）则是自 1867 年起便以四川为据点。大熊猫的主食之一，竹科植物的描述与命名都得归功于他。最后，在该世纪稍晚时才前来从事事工的让·安德烈·苏利耶（Jean André Soulié）传教士，则是从四川和西藏将数千件植物标本寄给巴黎的生物学家。

如果你觉得这些人不过是在空闲时间里，以压花器来娱乐自己，那你可就大错特错了。戴维写道：“在这个国家，要成就一些事情，只有克服重重艰难。”他所说的究竟是什么意思？

当时的中国是个动荡的国家。如果把这个具有两千年悠久历史的帝国的瓦解完全归咎于鸦片嗜好，不免有失于武断，不过这的确是个重要因素。19 世纪初期，英国将鸦片自印度强行销往中国，诱使中国民众上瘾，此后鸦片需求便一路攀升。成瘾者的处境十分悲惨。戴维在其所到之处目睹了鸦片所造成的破坏，他也以坚定的言辞表示反对。譬如，在他首次去蒙古地区的旅途中，他所前往的某个城市，远处看来还像是繁华的地方，但就在他逐渐接近时，却发现越来越多的悲惨情况。[15] 他写道："这种不幸必定是吸食鸦片的可鄙习惯造成的，它让上瘾的人渐渐凋零。"他在乘坐"平户号"，即那艘带领他由上海沿长江上溯至今日武汉的船时，也抱怨中国人"闷不吭声地抽着鸦片烟，恶臭的味道随着阵阵的风吹向我们"。[16] 行经更上游时，他描述了船长的母亲：

> 这是一位不计后果的鸦片吸食者、一位勇猛的寡妇，经常接手指挥工作，向船员发号施令。这位脸色苍白、几乎形容枯槁的女人……大部分的时间都待在自己的小房间里吸着鸦片烟，戕害自己的健康与积蓄。但是吸食鸦片的残酷事实是上瘾者无法抗拒的，他们几乎没办法摆脱这种习惯，虽然他们自身也很清楚鸦片会让他们身败名裂，终至死亡。[17]

19 世纪 30 年代末期，当大清帝国决定扫荡这种毒品时，英国人老大不悦，并以军事武力介入。在 1839—1842 年的鸦片战争中，英国海军舰队封锁了一连串的沿海战略港口，对中国的出口施加压力。结局则是 1842 年的《南京条约》完全地剥夺了中国统治者对于在华外国利益的控制权。

其他国家也各自议定内容类似的不平等条约。美国附加了一项条款，使美国新教传教士得以在多个贸易港口建立据点。法国在天主教的传播上，也取得了相同的特权，铺陈出一条道路，让韩伯禄、赖神甫、法尔热、苏利耶，当然还有戴维等天主教传教士可以到访中国。

中国人对于这些形势的发展，并非逆来顺受。对于外国势力渐增的愤懑与对大清王朝积弱的不满，衍生出一连串的动乱与叛变。其中最为血腥者莫过于始自 1851 年的太平天国运动，这场动乱的怪异源头正巧供我们观察戴维在中国旅行期间所发生的剧烈文化冲突。

1837 年时，一位名为洪秀全、致力于宦途梦想的年轻人做了一个梦。在梦中，他遇见了两个人。其中一个金发、长满胡须的人交给他一把剑，另一个年纪较轻、洪秀全称之为“天兄”的人，则告诉他这把剑是让他用来砍除妖魔的。这个影像一直留存在他的心中，六年之后，在仍对金榜题名孜孜以求的时候，他碰巧浏览了一些新教传教士发到他手上的讲经册子。史景迁（Jonathan D. Spence）在《追寻现代中国》一书中述及：“顿悟之间，洪秀全突然想到他梦中影像里的那两个人一定是册子中的上帝与基督，而他本人必定就是上帝之子、耶稣基督之弟。”[18]

将此大胆主张和对于中国统治阶层的恨意加以结合，洪秀全创立了一种今日人们所谓的秘密教派。到了 1850 年时，他已征募了两万名兵勇，宣称自己是太平天王，并挥军北上。太平军一路上控制了多座大城市，所到之处，残酷地杀戮反抗者，并搜刮粮食与财富。最后，洪秀全于南京建立了天国，离上海不过 300 英里，离北京本身也不算太远。虽然太平天国的势力最远仅及南京，且其成员大部分是挺身而出保卫家园的凶猛反抗者，但在那十多年里，太平军终究是一股不可忽视的势力。

即使在洪秀全杂糅基督信仰的革命武力于 1864 年瓦解之后，

他的军队在开拔前往南京的路上所造成的毁坏依旧十分明显。戴维本人于1868年冒险上溯长江前往熊猫国度的途中，对此也多有描写。在九江下船之后，“凭借着一股唯有博物学家可以理解的渴望与热情”[19]，他鼓起勇气进入了这座被城墙围绕的城市。他发现这座城市“在太平天国的掳掠与纵火焚毁后，几乎就是废墟”。虽然处在暴乱而危险的时代里，戴维却无所畏惧。1866年，在他的蒙古之旅可能使他身陷叛乱事件中时，他还能理性地思考。他写道：“多年以来，清帝国内部到处都有土匪和武装叛乱，如果要等到和平时期来临后才成行，恐怕就得放弃到远处旅行的念头。”[20]抱着这种想法，他立刻整理行囊，大胆地朝危险迈进。

除了这种大规模的动乱之外，戴维还得随时提防山贼、小偷与偶尔出现的盗匪。不过他的态度依然坚决：

> 如果我因为这种顾虑而退缩，我就无法进行任何探险，因为盗贼与匪徒出没的野外，正是中国博物学材料最为丰富的地方。为了顾及安全并摒斥不良企图，我应当留意把枪放在明显之处。[21]

这项提防措施不止一次挽救了他的性命。在1864年，当他还是以传教事工为重心，其次才追寻博物学的兴趣时，就曾遭到八名马贼的围逼，其中某几个还露出了欧洲火器。戴维身旁只有一名仆人和两位胆小的挑夫，明显寡不敌众，不过马贼们可以看到他的来复枪，以及已经拔出的左轮手枪。“这些好汉一眼望出我并非易与之辈，更不可能让自己的性命断送在他们这些杀人不眨眼的家伙手中：要撂倒我可没那么容易，打斗中他们必然也讨不到好处。”[22]攻击者因此退却，去寻找比较好欺负的对象。

经历了数十次千钧一发的类似遭遇[23]，戴维还能活着真是一项奇迹。他将部分原因归诸“神恩眷顾”，其他则是由于当时中国社会中欧洲人的名声。他写道：“中国人相信我们天生具有特异功能与超凡力量。我觉得东方人在直觉上与内心最深处，普遍将西方人视为不可匹敌的人上人。”不过，即使1866年时的中国人如同戴维所认为的一样，随时都会屈服在“人上人”之下，这种情况也没办法维持多久。

因为在19世纪往后推移的过程中，在中国的传教士发觉他们所面对的敌意越来越大。戴维在他的旅行过程之中经常被拒绝投宿，故意迁延，索取离谱的费用，还很可能被下毒。他在邓池沟天主教堂停留期间，就曾在这个地方听到要“杀光所有基督徒”的传闻。[24] 他写道：“我认为中国政府的密使故意传播这些谣言，造成我们的不便，或者要让这个地方看来很危险，逼我们逃离。”不过就在一年之后，在他回去北京的途中，他收到了可怕的消息。他出发前往四川前，曾在天津的法国领事馆区与朋友共度了一周的时光，这是一处包含领事馆、天主教遣使团与天主教慈善姊妹会（Catholic Sisters of Mercy）孤儿院的地点。现在，等到他回来时，这个地方已成为一片废墟。

1870年6月，法国领事丰大业（Henri Fontanier）气冲冲地跑到当地知县衙门抗议一则在中国人之间甚嚣尘上的谣言。其内容妄称法国天主教徒把中国贫穷家庭里的孩子从父母手中抢过来，施以暴行，甚至是更加惨不忍睹的手段。戴维本人在九江拜访一家天主教孤儿院时，就曾听过这类传闻。1868年时，他写道：“居心不良的异教徒说传教士之所以接纳这些贫苦的弃儿，是为了把他们送往欧洲的妓院。”[25] 对戴维在法国遣使团与孤儿院的伙伴来说不幸的是，丰大业竟然拔出手枪，对着知县开枪。虽然他没有命中知县，却误杀了一个旁观者，不过这位领事也没多少时间可以为自己的行为感到后悔。在短短几分钟内，他就被气愤的群众乱棒打死，这群人随后又在前往法国租借区的路上，杀死了好几位法国商人和他们的妻子。暴民放火烧毁了天主教堂，杀害了（曾在1866年伴随戴维前往蒙古的）谢凤来（Louis Chévrier）神父，并冲进孤儿院，剥去惊恐的修女的衣物，然后将这十人全部杀害。

这种暴力事件预示了往后一连串事变的开始。由于清廷不断地对外国强权退让，欧洲面孔在中国越来越常见，尤其是在黄海附近的各贸易港口。而中国民众连年遭逢水患旱灾，对于欧洲不同标准、文化与信仰的容忍渐渐转变成愤恨之情。这种情绪终于在1898年引发了一场排外、反基督教的事变——义和团。这场文化间的血腥冲突为此后大半个世纪的形势发展定下了基调。如同我们将看到的，在拳乱的严酷形势中推进的东西方之间的紧张形势，对于在20世纪中摸索前进的熊猫之旅来说，具有深远的影响。

幸好今日中国已经将纷纷扰扰的历史置之脑后，是一个安全而友善的旅游地点。2009年时，四川雅安市的旅游局举办了重现戴维传奇的活动，替爱好熊猫的人士组织了一个远征队，追寻一百四十年前戴维由成都出发前往山区的旅程。

戴维在1869年2月22日自成都出发，在七天之内就走了超过200英里的不怎么好走的路程。平均一天的行进距离多达30英里。沿途有许多可以仔细观察的事物：他路过了“精心耕种”的稻田；赞叹一群几十位“真正侏儒”的表演；当他看到路人取笑沟渠中的一个赤身乞丐时，他认为这证明了“一般中国人丝毫没有爱心、同理心与怜悯心。他们只有自我与骄傲的心态”。他看见盛开的蚕豆与芥菜花；他记录了与白鹭鸶、田凫与鸻鸟的相遇；并且对一位他所雇用的工人竟然可以背负170磅重的行李感到惊讶不已。“全世界最厉害的挑夫非中国人莫属。他们所吃的食物粗劣，大部分几乎

位于宝兴县北部的邓池沟天主教堂。阿尔芒·戴维在这里发现了大熊猫

都是素食，还有办法对抗疲惫的身体，真是令人惊奇。”就在山丘转为山脉时，戴维进入了一个高长的谷地，“里头经常出现老虎，更多的是盗匪”。[26] 经过一个山口之后，他沿着一条近乎塌的石阶走下来，然后循着“一条水质清澈、水势汹涌的美丽河流”前进。最后，为了快点到达邓池沟天主教堂，他抛下行李队伍，绕过一座“无法穿越”的山脉，并改走一个3200米高、冰雪覆盖的山口，以避开另一座山脉。1869年2月28日两点钟的时候，在“上帝的祝福下，他已经安全抵达”。迪格里泰神父等着迎接他，并带他看了在教堂中庭对面的一楼为他准备的客房。

戴维就是在这里将一只年轻熊猫的干燥皮毛卷好，装进箱子里。他写好一封将单独寄给他在法国博物馆的联络人阿方斯·米尔恩－爱德华兹（Alphonse Milne-Edwards）的信。由于他的收集品短期内还不会到达巴黎，他敦促米尔恩－爱德华兹发表一篇有关这种动物的简短说明。如果这个发现真如他所认为的那么重要，他想抢先成为发现者。他尝试提出以拉丁文 *Ursus melanoleucus*（意为“黑白相间的熊”）[27] 来为这一物种来命名，并且说明它身上奇特的纹路。“我未曾在欧洲的博物馆看过这种物种，而且这是我见过的最美丽的种类；也许它将成为科学上的新发现！”他是多么正确。不过米尔恩－爱德华兹与其他西方专家又如何看待此事呢?

第二章

熊猫，是熊还是猫？

巴黎自然博物馆的地下室是动物标本陈列处——一层层的存放空间里摆放着数以百万计的动物遗体。这里存放的标本类型有数千种，每个物种的动物标本都是全球科学界的参考基准，这是全世界最令人叹为观止的动物收藏地点之一。阿尔芒·戴维的年轻“黑白熊”就藏在巴黎大都会的地下。里面还有另一只他收集的成兽标本，这是相隔没几天，猎人又抓给他的。他在 1869 年 4 月 1 日写道：“它的色彩与那只年幼动物一模一样，只不过黑色的部分比较浅，白色的部分比较脏。”[1] 巴黎的动物学家阿方斯·米尔恩-爱德华兹就是利用这两个标本，写下了对这个物种的正式科学叙述。[2]

通常，物种的定名权属于各大博物学机构的资深分类学家。而在维多利亚时代，在野外收集标本的下属，常常会在信息不充分的时候，就抢先给标本命名，从而让这些顶头上司气得牙根痒痒。这种情况对 1865—1885 年担任邱园（Kew Gardens）园长的约瑟夫·胡克（Joseph Hooker）来说当然也不会是例外。大英帝国辖地各处所运送来植物标本，都经由胡克负责验证，有些植物收集家太过看重相异性，忽略了相似性，因而擅自“随意分类”或“自创物种”，这让他十分苦恼。

生物历史学家吉姆·恩德斯比（Jim Endersby）特别注意到其中某位特别恶名昭彰的人物，新西兰的传教士兼博物学家威廉·科伦索（William Colenso）。[3] 由于每个新物种都必须在邱园的植物标本室保留一个模式标本还有其外形描述，这让工作十分繁杂，但科伦索之类的人却往往还要火上浇油。有一次，胡克直接抨击科伦索喜欢自创物种的习惯：“就算没有标本室可以参考，你也不可以把已经远近驰名的一些蕨类植物描述为新物种啊！”在这种难堪言语之中，恩德斯比认为胡克是在捍卫自己的权威[4]：只有占据最有利职位的人，才有办法检索最多的收藏品，因此对于新物种能不能成立、有没有什么类似物种以及要如何命名，也都拥有最终的决定权。恩德斯比在他所撰写的胡克传记《自然帝国》（*Imperial Nature*）中指出：“胡克经常调出大量书籍与标本作为佐证，维护自己在文明大都市中对物种的命名权。”

戴维身处远方，而米尔恩－爱德华兹身居都市，两人之间所发生的分类争议，虽然程度较为轻微，也透露出类似的紧张状况。戴维提笔写下第一封寄往巴黎的与熊猫相关的书信时，就已认定这种动物属于熊，不过却被米尔恩－爱德华兹推翻。因为他看出戴维的“黑白熊”与红猫熊之间，具有耐人寻味的相同点，红猫熊也是另一种巴黎博物馆首先进行外形描述的动物。

在将近半个世纪前的1825年，一只红棕色美丽动物的遗体被送到博物馆，交到了巴黎植物园（The Jardin des Plantes）附属动物展览馆馆长弗雷德里克·居维叶（Frédéric Cuvier，他的兄长乔治名声更为响亮）手上，由他负责科学描述的工作。居维叶认为这种动物更像浣熊，而跟熊差别较大，并建立了一个介于这两个物种之间的新种。“我提议将这种黑白熊的属名定为 Ailurus，因为它的外形很像猫；种名则定为 Fulgens，因为它有斑斓的色彩。”[5] 居维叶创立了一个全新的科别——小熊猫科——只含有一个独特的新种——小熊猫（Ailurus fulgens）。

米尔恩－爱德华兹对戴维黑白熊的头骨构造、齿列与脚掌多毛的特点十分关注，这些特征都与居维叶的红猫熊极为类似。他摆出上司的架子，写道：“从外形来看，它的确很像一只熊，但是它的骨头与齿列特征又明显不同，反而跟猫熊与浣熊有较高的关联度。它一定是新的物种，我把它命名为 *Ailuropoda*[6]，意思是熊猫属。”没多久居维叶的红猫熊因此有了新名称——小熊猫——以便与戴维的“黑白熊”或者说“大熊猫”有所区分。

但戴维还没有完全放弃他原本的判断，在次年写给博物馆主管的信中他提道：“我在山区还看过另一种新奇的动物，它是一只黑白相间的熊。”[7] 不过，他也很大方地接受了上司所提的论据，承认“它的骨骼特征与其他熊不一样，跟小熊猫比较像”。

然而，这个戴维与米尔恩－爱德华兹两人各有不同看法的核心问题，却没因此落幕。这种动物究竟比较像熊，还是比较像小熊猫？

弗雷德里克·居维叶于 1825 年发表了对红熊猫的外形描述，形态如上图。阿方斯·米尔恩－爱德华兹觉得这种动物与阿尔芒·戴维的“黑白熊”有相类似的地方

阿方斯·米尔恩－爱德华兹对于阿尔芒·戴维的“黑白熊”外形的科学描述发表于19世纪70年代初，形态如上图

没多久，就有数十位专家卷入了这场争论。有些人的结论只依据单一特征，譬如脑部形状或内耳构造；有些人则以组合特征作为根据，譬如头骨与齿列、齿列与骨骼，或者骨骼与头骨等；另外也还有人利用已出土的熊猫化石进行比较。但是，只要有一份研究认定戴维所发现的动物比较像熊，就有持相反意见的另一份研究。在超过五十年的时间内，就像是网球场上的一来一回，这场争议没能形成任何共识，反倒使学界对熊猫的兴趣渐增。这真是一种谜一样的动物，任何想仔细分辨它究竟属于何属的努力都归于失败。

20世纪60年代时，有一位芝加哥的解剖学家试图重新解开这个谜团。德怀特·戴维斯（Dwight Davis）首先大致回顾了这个僵局，然后在他掷地有声的专题论文里，以大熊猫的身体构造作为开场白。他观察到一个简单但重要的现象，写道：“一直以来，许多优秀的研究者都采用相同的数据，却获得了十分不同的结论。”[8]这种现象只说明了一件事：“他们采用的资料无法作为客观结论的基础，因此结论便掺杂了许多个人意见。”简而言之，科学家如果仅仅凭借头骨、骨架与牙齿等资料就妄加判断，这场争论将永无宁日。

这个批评十分严厉但应属公平。戴维斯的下一个冷静观察，呈现出更强的批判力道。“对于熊猫属亲缘性的分歧意见，几乎与地理上的区隔一致。”他特别提出两份研究作为佐证。第一份是于1885年刊载于《伦敦动物学会学报》（*Proceedings of the Zoological Society of London*）中的一篇长文。该文的作者是一位英国动物学家，他与米尔恩-爱德华兹具有相同的立场，认为熊猫属与小熊猫和浣熊的关联性最为密切。除了法国人米尔恩-爱德华兹与另一篇以非英语写成的论文以外，戴维斯强调这个看法“在1943年之前，获得了每位英美作者的赞同”。

另一篇戴维斯所关注的研究出现于1895年。作者是一位丹麦动物学家，他把熊猫属归类在熊科（*Ursidae*）之下，而且戴维斯注意到“每位随后的欧洲大陆作者都遵循他的做法”。他继续论证说：“随着地理与语言界限的分隔，学者们所持的意见也截然不同，这种现象不可能出于偶然。”这种说法的确有道理，我们可以发现德国人经常把熊猫属称为“竹子熊”（Bambusbär），并把它与其他熊科动物归于同一类，英语系国家的人则称之为熊猫（panda），并倾向于把它与小熊猫并列。据此，戴维斯得出结论，认为“判定这个问题的决定性因素是权威主义而非客观分析”。

这可真是大胆的说法。戴维斯对于“意见不一”的推论还算中肯，据他所言，这是因为英语系国家的研究者都只阅读英语写成的出版物，非英语系国家的研究人员也仅浏览非英语写成的出版物，而且双方阵营都只是改头换面地重述了他们所读过的材料。还好，戴维斯有解决方案。他有一整套可以运用的新数据，刚好可以重新检视熊猫的分类问题，那是第一只活着离开中国的大熊猫苏琳（Su-Lin）经过保存的遗体（我们将在第四章讲述更多有关它的故事）。虽然它已经死了好几年了，幸亏当时的标本剥制师想到要保留它的器官。由于从来没有人检视过这些器官，因此也没有任何已存的相关书面文件可以影响戴维斯的判断。

尽管头骨与骨骼方面的研究显示出的结果并不明确，但根据解剖学的证据，戴维斯很清楚应该将戴维的动物归属在哪个类别。他在绪论中写道："熊猫属是一种熊，因此应归于熊科。"[9] 这样的声明开宗明义，让他可以不受牵绊地继续探讨"更有趣的议题"。戴维斯想知道的是熊猫属与其他熊究竟如何不同，这些差异又是如何产生的。

但是，尽管戴维斯竭力想终结纷扰不断的争论，熊猫属到底与熊还是小熊猫的关系比较亲近的核心问题并没有就此结束。究其原因，很可能在于为自然界进行分类的、新兴的分子生物方法的出现。

所有的生物体，从微生物细菌到蓝鲸，都由一个以上的细胞构成，而每个细胞都含有一串 DNA，它的作用是作为模板制造蛋白质这种生命的材料。地球上的每个细胞都有相同的基本蛋白质制造机制，对于所有细胞在起源上有共同的基础这个问题，这可以成为最有力的证据。

如果你从自己身体中取出两个细胞——一个来自大脚趾表皮，一个来自毛发内部——你会发现它们所包含的 DNA 是一样的。如果你把自己身上一个细胞中的 DNA 提取出来，并与我身上细胞的 DNA 进行比对，你会发现它们的分子结构几乎相同。但还是有些不一样，这些细微的差异就是你之所以为你，而我之所以为我的原因。而得自于你的 DNA 与黑猩猩的可能就会有较多差异。如果你把自己的 DNA 与水仙花的 DNA 进行比对，你会发现两者更加不同（不过你也许会很讶异，你和水仙竟然有很多相同之处）。同时，你会发现你与细菌这种生物有最少的共同之处。

只有一种合理的方法可以用来解释这些观察发现。DNA 存在，它经由父母传递给子代，且其序列在传递过程中会变化，这些事实很少有人会怀疑。我们知道所有生物都依循这些简单的法则，所以为何每个生物会有不同的 DNA 序列，这些法则就提供了强有力的解释。正是这种永无止歇的复制过程与随后的 DNA 变化让我们得以一窥细菌以至蓝鲸等各种生物丰富的 DNA 多样性。因此，DNA 所提供的一些信息，会让分类学家十分振奋。很明显，DNA 提供的有力证据表明查尔斯·达尔文（Charles Darwin）没有错：地球上的生命历程犹如一棵树，由一些共同祖先开始，然后子孙开枝散叶，经过几十亿年的变化，形成今日繁茂的树冠顶层。毒蕈、蚊子与大白鲨都有完全相同的细胞结构，可制造相同种类的蛋白质，这是因为它们体内都有大量相同的 DNA 片段。如果不是这样，还有什么可以解释这个奇迹呢？

在基本树状结构已知的情况下，两个 DNA 序列的相似性与差异性就可以让分类学家找出 DNA 序列生长时最可能的路径。想象三个同时位于生命之树顶端枝丫的物种。暂且不论每个物种的外表如何，只要按照它们的 DNA 序列，就都应该可以把它们放进各自所属的位置。现在，如果你依据这三个物种的外形重新画出分支情况，你会发现最相似的两个物种的位置会更为接近，而且你所描绘出的枝丫会属于同一棵树。

你也许会问，那么麻烦地把 DNA 请出来的重点是什么？最明显的原因就是 DNA 是所有生命都会具有的物质。也就是说，你可以利用 DNA，在蝴蝶与栎树之间进行有意义的比较，这点如果仅凭外形是办不到的：你不知道将从何开始。这也表示像熊猫属这种物种，由于来自头骨与骨骼的证据无法使人们达成共同的看法，我们便可采用 DNA 来取得共识，看谁的说法对。

因此，虽然戴维斯得自苏琳的解剖数据组合已经让局面有利于支持与熊亲缘关系较密的一方，但是进行某些分子生物学比对的尝试还是有其吸引力的。事实上，在1964年戴维斯发表专题论文时，分子生物学家也已经展开了对熊猫的研究。他们还没开始钻研动物的DNA，这是因为在二十多年后，才有人发明了新技术用来描述这个重要的分子。不过原则上，分子生物的概念也可用在DNA的下游产品——蛋白质上。DNA的差异，经过转译，会造成蛋白质的差异，且自20世纪初期之后，就陆续出现了不同的研究方法。

新泽西州立罗格斯大学血清博物馆（Serological Museum）的成立便见证了此领域的发展。根据1948年《自然》（*Nature*）杂志上所登载的公告，该馆成立的目的是为了“收集、保存与研究血液中的蛋白质……所秉持的信念是认为这种蛋白质与其他成分一样典型，和皮肤及骨骼一样，都具有保存与比较的价值”[10]。

起初，他们所收藏的样本只有一件，但是该馆很快就收集了丰富的资源，足以应付蜂拥而来的年轻生物学家的样本取用需求。因此，20世纪50年代，两位来自堪萨斯大学的生物学家便前往该血清中心索取布朗克斯动物园里的大熊猫的血清（即除去红细胞与凝固蛋白质之后的血液）样本。这两位研究人员最主要的目标是希望能够查明该样本中的蛋白质更近似于熊还是浣熊。

他们的方法是什么呢？他们首先预测如果大熊猫与熊科动物而非浣熊较为亲近，那么取自大熊猫血清内的抗体应该会更易与熊而非浣熊的蛋白质结合。[11] 这是相当合理的，而且与他们所发现的事实极为符合，他们因此得出结论，表示“大熊猫的血清亲缘关系与熊较接近，而非浣熊”。

1972年，就在伦敦动物园最有名的熊猫姬姬（我们将在后续章节中详细介绍）临死之前，管理员从它身上采集了一些血液样本，寄给加州伯克利大学的文森特·萨里奇（Vincent Sarich）。他利用大致相同的方法，获得了几乎相同的结论。他写道："大熊猫与其他熊科动物的关系十分清楚，毋庸置疑。"[12]

不过，有些人对这样的论断还是感到不安。1966 年，在戴维斯发表他的专题论文不久之后，伦敦国王学院医学院的研究人员发现大熊猫只有 42 条染色体[13]，但真正的熊科动物却有 74 条。从这点看，双方的关系似乎不太亲近。

因此当另一种为物种进行分类的分子方法[14]——DNA-DNA 杂交比对法（DNA-DNA hybridisation）——在 20 世纪 80 年代出现时，免不了就会有人想利用这个方法来重新探究熊猫之谜。美国马里兰州国家癌症研究中心（National Cancer Institute）的斯蒂芬·奥布赖恩（Stephen O' Brien）在他 2003 年出版的《猎豹之泪与遗传新领域的其他故事》（*Tears of the Cheetah and Other Tales from the Genetic Frontier*）一书中写道："我无法抗拒这个诱惑，想参加这场百年未决而急需新方法解决的争议。"

即使 DNA-DNA 杂交比对法仅提供了一种粗略而简便的对比基因相似性的方法，但对比单一物种与其他物种的 DNA 比起对比蛋白质，却毋宁是更好、更合适的方法。为求一次解决这个疑问，奥布赖恩与他的同事把这个问题拆解为他们可以处理的多项分子测试。他们依据蛋白质的大小与电荷，利用凝胶电泳技术加以分离，重新执行萨里奇的免疫学分析，并且使用最新的染色技术，史无前例地仔细检视大熊猫相对较少的染色体。自大熊猫与棕熊身上取得高质量的染色体图片之后，他们开始寻找长度、宽度与样式类似的片段。他们果真找到了这些片段。奥布赖恩说："只要取得图片之后，就可以很容易地看出这些染色体片段之间的相似性。"[15] 这就可以证明"大熊猫的大部分染色体看起来就像其他熊的染色体，只

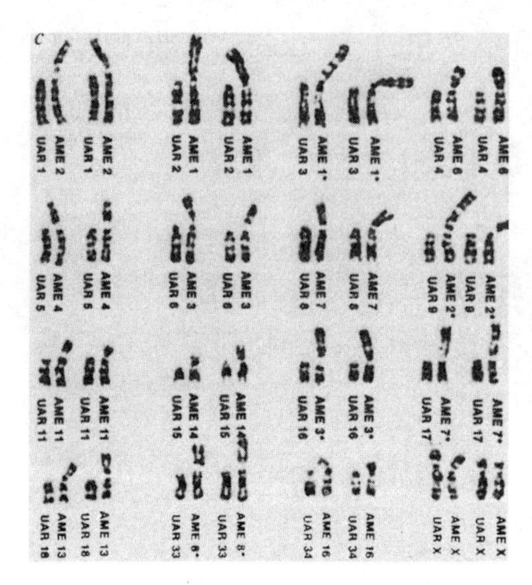

大部分的熊都有 74 条染色体，但大熊猫只有 42 条，这不禁让人怀疑大熊猫是否真的算是熊。不过将棕熊与大熊猫的染色体排列比较之后，研究人员证明了这两个物种之间惊人的相似性。熊猫的染色体虽然较少却较大，很可能是因为在熊猫谱系的演进阶段中，发生了一连串的染色体融合现象

不过是融合在一起了”。[16]

基于种种分子生物学上的证据，奥布赖恩的团队毫不迟疑地支持熊猫属于熊科的看法。他们所描述的差异性也让他们得以追查出这种肉食性动物在时间长流中的重大演化事件发生的时间范围。这建立在一项假设上，即 DNA 及蛋白质产品会随着时间的流逝产生有规律的变化。两个物种的分子差异性越大，就必须越循着生命之树往深处寻找，这样才能追溯到它们的共同先祖。奥布赖恩于 1985 年所提出的证据，以及他后来的研究，所指向的发展历程大致如下：大约在四千万年前，生命之树还没那么高大时，有一只类似鼬鼠的小型肉食动物盘踞在生命之树的某根树枝上。今日，原本的那根树枝已茁壮成长并分杈，其中的一个分支形成了大熊猫与其他熊科动物，另外一个分支则形成了小熊猫及其长得像浣熊的亲戚。大部分随后的研究[17]都证实了这个故事的真实性，仅仅对分支杈开的时间点做了一些细微的修正。

不过如果奥布赖恩希望他的证据可以一劳永逸地解决这场争论，他得大失所望了。[18]有些人认为小熊猫与大熊猫前掌解剖结

构的相似性是它们具有共同先祖的明证：两者的腕骨经过演化，其功能类似于相对的大拇指，让它们可以灵巧地抓握竹子。其他人则被两者粪便的相似性所说服。在一场1991年于美国弗吉尼亚州举办的熊猫会议中，备受敬重的中国生物学家，同时也是20世纪80年代首次针对野生熊猫进行的正式研究（参见第十章）的负责人之一胡锦矗先生走向讲台发表见解，他认为应该将大熊猫与小熊猫共同列在一个独立的类别中。他所放映的其中一张幻灯片，针对的正是坐在听众席中的奥布赖恩。图片上显示的是两个鱼雷状、极为类似的椭圆粪便，一个来自大熊猫，一个来自小熊猫。奥布赖恩说："我一眼便看出他要挑战我的看法。"[19]

胡先生的直觉观点也有其拥护者。曾与他在四川野外工作过的动物学家乔治·沙勒（George Schaller），也怀疑分子生物学家的坚决主张。他在1993年出版的《最后的熊猫》（*The Last Panda*）一书中说："精巧的现代技术无法总是将难以理解的事解释清楚。"虽然沙勒指出他"对于结果没有任何感情投注"，但他似乎觉得与熊归为一类会多少损及大熊猫的独特性。他坦白地说："虽然大熊猫与熊的关系最为接近，不过我觉得它不仅是一只熊而已。"沙勒与胡锦矗的看法一致，倾向把它与小熊猫归在独自的类别。"熊猫就是熊猫"[20]是他对于这个问题浪漫的解决方法。

如果你觉得这些熊与小熊猫之间的不断来回攻防有点炒过头了，那你并不是唯一这么想的人。著名的生物学家埃内斯特·迈尔（Ernest Mayr）在评论一篇1986年发表于《自然》杂志的文章时，毫不掩饰他的失望。他斥责仍不信服戴维斯专题论文的那些人，他写道："大熊猫属于熊，少数对此还存疑的人，不过是觉得它应该与小熊猫关系很深，或者对分子序列差异的解释有些争议，仅此而已。"虽然他认同奥布赖恩及其研究伙伴的看法，但他也批评了他

大约四千万年前，生命之树开始分支，其中一支形成小熊猫和与其相近的浣熊，另外一支形成我们现在称为熊的动物。在熊分支演化约两千万年之后，大熊猫也自此支干分支出去，又过了一千万年，眼镜熊也追随此一脚步。大约五百万年前，熊科家族突然迅速分支。这些时间只是大概的数字，因为每个研究对于熊科动物扩散的时间点都存在一些误差

们的论文标题——《大熊猫物种起源之谜团的分子生物解答》。迈尔觉得这个题目“不必要地过度夸大了这个议题”[21]，因为“这早就称不上是一个谜团了”。然而，如果迈尔说得没错，他自己的标题——《科学中的不确定性：大熊猫属于熊还是浣熊？》——也无助于平息争议。

这一切显示了分类学是一门很棘手的学问。如果把观察重点放在牙齿，自然而然地，牙齿就具有了关键地位。譬如，以小熊猫与大熊猫为例，要证明两个物种具有类似的齿列并不困难，而这也是非常有趣的观察。不过宣称它们之间存在相似性是因为这两个物种之间存在紧密关系，这就完全是另一回事了。因为同样说得通的解释是小熊猫与大熊猫为适应环境摄食同样的食物，才具有了类似的牙齿。“趋同演化”这种现象是指互不相关的两种生物体，在遭遇生存上的小问题时，各自采取相同的解决方式。对地球上的生物来说，这似乎是稀松平常的事。

不过，当事情像这样难以确定的时候，你需要做的就是像解剖学家戴维斯所清楚了解的那样，针对问题，提出更多不同种类的资料。自20世纪90年代起，遗传学家已经有办法产生DNA序列，因此这类数据已经大量、迅速地累积。一份对大熊猫线粒体DNA的详细描述宣称“大熊猫与熊的关系比较接近，而不是小熊猫”[22]。自此之后，测序技术已有了重大进步，人们已经可以在更短的时间内，以更低的成本，得出更长的DNA序列片段资料。现在的DNA数据已经非常丰富[23]，可以用来区分不同的熊猫种群。甚至有些研究人员还据此指出，分布在整个大熊猫栖息地东端的秦岭地区的大熊猫，与处于西端的物种不同，应该划分为独立的亚种。[24] 作为人类分子生物学发展路程的里程碑，大熊猫在2010年接受了完整的研究：做出了所有基因组的完整排序。[25] 在这篇刊登于《自

2010 年 1 月 21 日《自然》杂志的封面，在这期杂志中科学家描述了大熊猫的完整基因组序列。从遗传的观点来看，大熊猫像是食肉动物，它具有消化肉类食物所需的全部蛋白酶，但是完全食素所需的酶类一项也没有。这表示大熊猫很可能依靠某些非常重要的肠道微生物来消化所有的竹子

然》杂志的文章中，研究者甚至没有再探究熊猫之谜。因为在这个时候，结论已经很明显：大熊猫属于熊科。[26]

面对如此庞大的分子生物数据，人们很难有任何理由加以反对，因为这样做就等于想对抗铁证如山的证据，否认 DNA 在代代传递中会产生变化。行为学与形态学证据的分量已经不如分子生物技术，它们无法回头改变生命之树的外形。然而，对于分子生物学所描绘出的树形，这些证据却可以为冰冷枯燥的枝头点缀上一袭绿色。

因此，似乎戴维打从一开始便没有错。虽说如此，米尔恩 - 爱德华兹将戴维的“黑白熊”与居维叶的红熊猫两者的相似性凸显出来的决定，在我们理解大、小熊猫往后的旅程时，具有极其重要的地位。正是因为这样的主观研判，这个有趣的物种才会被称为“大熊猫”，与它红色、只比它小一点的伙伴有所区别。自那时开始，这个动物界的宠儿便以漂亮的外表与好记的名字，吸引着大家的目光。

就像任何一位商人会跟你提到的一样，名称动人、品牌形象良好的产品必定可以吸引众人的目光。这么具有魅力的熊猫，人们一定会想目睹一下，甚至据为己有。

第三章

猎杀，谁开了第一枪？

在阿尔芒·戴维“发现”大熊猫之后的十年内，有关这种动物的分类争议，又因为几只标本流出中国而再起波澜。1870年天津在动乱之后，紧张形势仍继续升高，任何想接续戴维研究工作的人，都得面临越来越危险的旅途。

1900年，也就是戴维以74岁高龄逝世于巴黎的那一年，中国与帝国主义国家的冲突达到了最高点。19世纪的最后几年里，由于清廷积贫积弱，外国势力更加恣意妄为。中国人民产生了强烈的民族主义情绪，滋生出义和团这个想使用暴力来“扶清灭洋”[1]的武术团体。1900年夏，义和团开始不分青红皂白地攻击任何外来事物，清廷的实际统治者慈禧太后以为有机可乘，于是向外国势力宣战。北京的各国大使馆成为义和团的攻击目标。多个国家的使节和他们的眷属只能困守在市区一隅，构筑防御工事，期待援军的到来。8月，由八个国家所组成的两万人的军队果真到来了。八国联军大肆复仇，逼迫清廷于1901年签下丧权辱国的《辛丑条约》。

当列强将清廷推向全面崩溃之际，西方探险家则持续采集着

联军部队同义和团交战，义和团在 1900 年时控制了北京

中国野外的奇珍异宝。譬如英国的詹姆斯·维奇父子公司（James Veitch & Sons），这一家族企业是欧洲最大的植物种苗公司，且在世界各个角落都派驻了采集者搜罗稀有植物。该公司雇用了一位名为欧内斯特·威尔逊（Ernest Wilson）的年轻植物学家，派他前往中国带回珙桐（*Davidia involucrata*）的种子。这种罕见的美丽物种也是首先由阿尔芒·戴维于 19 世纪 60 年代时加以叙述的。该公司的主管告诉他："这次旅程的目的是收集这种植物的种子。这就是你的任务，不要把你的时间、精力还有金钱浪费在其他事情上。"[2] 威尔逊找到了戴维所发现的相同标本，并将数百颗的种子寄回给他的雇主（其中还包含几百种具有商业价值的其他植物的种子以及为数更多的植物标本）。

在接下来的十年内，威尔逊还前往中国西部进行了多次的采集之旅，在 1908 年时他来到了熊猫的主要栖息地，与他同行的是哈佛大学比较动物学博物馆的瓦尔特·察佩（Walter Zappey）。不过他跟察佩都没能自“密密麻麻、无法穿越”的竹林中，目睹熊猫的黑白外形。1913 年，威尔逊在其出版的《一位博物学家的华西游历记》（*A Naturalist in the Western China*）中，对这个形状多变的动物进行了一番引人入胜的描述。“这种动物并不常见，而且它们居住在蛮荒的野外，不易成功捕捉。”即使如此，熊猫也有商业价值。他写道：“毛皮偶尔才会在成都的市集中贩卖，而且索价不菲。”然后以简要的总结结束了对于这种动物的说明，他写道：“这是中国西部最值得狩猎家去追寻的猎物。”[3] 不只如此，威尔逊还补充道，“目前还没有外国人成功猎杀这种动物的记录”，也“没有外国人曾经目睹这种动物的活体”。他公然列出两项挑战：谁可以成为第一个看到野生大熊猫的人？谁又可以成为第一个成功猎杀这种动物的人？

就在威尔逊于中国西部的野外工作的十年里，中国民众对于清朝统治者的不满与日俱增，最明显的就是标举“驱除鞑虏，恢复中华”，以推翻清政府为目标，由孙中山领导的中国同盟会。1906—1908 年，同盟会至少规划了七起推翻清政府的起义。而到了 1911 年时，同盟会成功地渗透进全国的军队组织，造成部队接连举事。清廷在无力镇压之下，只得听从同盟会的条件。1912 年 2 月 12 日，最后一任皇帝溥仪退位。

但是这场转变的过程却从未顺利。虽然新成立的中华民国试图掌握清廷崩溃之后的权力真空，却没有办法控制整个中国，于是一些军事集团开始左右政局。这些军事集团的首领就是所谓的军阀，他们成为之后十五年内左右中国政治的黑手。即使在这种混乱的局势中，还是有多个西方远征团队前来中国找寻熊猫。

就在欧洲于 1914 年陷入大战之前，德国采集者组成的一支队伍冒险进入了中国西部。他们利用猎狗追查熊猫的踪迹，希望能靠现代武器有所斩获。不过，他们最大的成就也不过只是听到不远处的竹林所传来的簌簌声响。由于熊猫在天然栖息地内穿梭自如，可以轻易地找到安全路线，德国人便采用了另一种策略。远征队的队长瓦尔特·施特茨纳（Walter Stötzner），也可能是远征队的随行动物学家胡戈·魏戈尔德（Hugo Weigold）[4]，从居民那儿买了一只婴儿熊猫。虽然这只熊猫没多久便死了，却让他们可以宣称自己是首批看到活体大熊猫的外国人。

几年之后的1916年，一位拥有诗人情怀的澳大利亚传教士詹姆斯·休斯顿·埃德加（James Huston Edgar），声称他在旅行途中曾目击一只状似熊猫的动物。他向《中国杂志》（*China Journal*）投稿，写道："我在一株高大栎树的分杈处，看见一只沉睡中的动物，我至今仍对此困惑不已。它的体型十分庞大，颜色有点白，用很像猫那样的方式，把身体蜷成一大团。我的西藏同伴都不认识这种动物，也觉得很奇怪。"[5]他那时候身上并没有带武器，没有办法猎捕，只能坐在大约100米的距离外，等着它下来。它却一直待在树上，即使突然来了一阵暴风雨，让埃德加不得不离开时，它也一样不动如山。很明显地，这场遭遇一直萦绕在他的心头，他还为此写了一首诗，题名为《等待熊猫》。

且待彼之熊猫，斑驳黑白之熊，但望兀自熟睡，栎树巢穴之中。
且待彼之熊猫，漓漓雨雾之间，其若行止于此，我等如何安营？
且待彼之熊猫，于那白雪之巅，猎人战栗不安，整夜胆怯惊恐。
且待彼之熊猫，停歇山松树上，牧民目不转睛，一瞥熊猫身影。
怎奈狡猾熊猫，未见竹林低鸣，却于危崖峭壁，注视敌人行径。
仿佛于此宣称："即如喇嘛詈骂，犬与器械尽出，不过如此光景。"
且待彼之熊猫，戏法变弄之余，顽石一经指点，转成澄澄黄金？

休矣，且待熊猫，孺子切莫接近，熊猫恐非易与，其因莫能得究。
熊猫颓颓老矣，亦非庭园玩物，究其所居之地，西藏及其附近。
雅各纵就聪黠，至亲亦然负罪，人亦希冀熊猫，夺其珍奇之皮。
且待彼之熊猫，处身无垠荒野，即如斯多葛派，无视风暴困苦。
古人嘲讽有加，若祈熊猫再现，可待地老天荒，或有思忆难平。
且待彼之熊猫，亦于别后长存，一夕变成化石，埋于穆坪山中。
汝若奇遇熊猫，美丽动物园中，呓者梦幻言语，业已点化成真。[6]

1921年，兼具军人、外交官与探险家等身份的英国准将乔治·佩雷拉（George E. Pereira）在四川待了三个月以上的时间，希望能够成为第一个成功猎杀熊猫的外国人。他的任务失败了，他最多只是在转眼之间，瞧见停栖在树枝上的一只毛茸茸的白色动物。然而，他却因为脚部感染，在病榻上躺了七周，而且因为穿着当地人的便鞋在积雪中行走，他离开时还带着严重的冻伤。尽管挫折不断，他仍然竭力完成从北京步行到拉萨的壮阔旅程。

他的事迹使得外界对于大熊猫的兴趣与日俱增。然而，经过了十年，还没有人能够完成威尔逊提出的第二样挑战：没有外国人猎杀过熊猫。或许我们应该先停下来想想为何有人会想做这种事。如果完全从实际情况来看，这是可以理解的。在西方，研究与展示珍禽异兽的动物博物馆会很想展出大熊猫这类罕见的动物。在这种情况下，如果要让熊猫乖乖就范，枪可谓是最具效率的工具。但是，为什么察佩、魏戈尔德、埃德加和佩雷拉这些人会这么想开枪射杀熊猫呢？身处21世纪，我们大部分人如果能够看到熊猫，或是进一步能跟它照张相，就会感到很满足了，因此这种情况不是很好解释。

为了能进一步了解为何有人想射杀像熊猫这样的野生动物，你可能要想象一下自己身处另一个不同的世界。在这个世界里，还有很多野生动物，它们会破坏作物，影响生计，更糟的是，有些还会让人丧命。在这种情况下，射杀野生动物不是什么不同寻常的事情。19 世纪的博物馆之所以会搜集博物学收藏品，便是根植于这种文化背景。博物馆收集者往往都是以最有效的方式来猎杀动物，虽然听起来很奇怪，但是这种方法却有助于环保观念的形成。毕竟，如果不知道野外有哪些生物，保护就失去了其意义。唯有对自然界有更深入的了解，以博物学收藏巩固证据基础，保护伦理才能成形。因此，类似于今日环保立场的言论，在当时通常都是由博物馆委任的猎人最先提出，这并不是什么巧合。

以下就有一个不错的例证。威廉·霍纳迪（William T. Hornaday）于 19 世纪末任职于史密森学会（Smithsonian Institution）下属的美国国家博物馆。他在那里担任首席标本剥制师时，有很多机会观察到多种令人印象深刻、但正快速迈向灭亡的物种，譬如美洲野牛（American bison）。对此，霍纳迪以他唯一熟知的因应方式，建议博物馆赶紧填制最后的几具标本。弗吉尼亚大学博物学学家玛丽·安妮·安德烈（Mary Anne Andrei）说："他相信应该让大众知道野牛数量的骤减，博物馆栩栩如生的展览品可以激励美国社会产生更负责任的生态伦理观念。"[7] 在上司的支持之下，霍纳迪出任史密森学会野牛探险队的队长，于 1886 年出发前往蒙大拿州，为博物馆去猎杀几只已经为数不多的野牛。在那里，他看到一大片"泛白的尸骸"[8] 散落四处，堆出的景象就如"恐怖的屠杀纪念碑"。尽管如此，他和同伙仍继续射杀了 25 头野牛。他在 1886 年圣诞节前夕写给上司的信中说道："我们几乎把看到的野牛都杀光了，我认为整个蒙大拿所剩的数目应该不超过 30 头。"[9]

不过，根据安德烈的说法，蒙大拿之旅对霍纳迪来说犹如一场顿悟，自此之后，他便首倡设立保护野牛与其他濒危物种的动物园。史密森学会的活体动物园区在一年之后随即成立，且在几年之内就转型成为美国国家动物公园，并开始筹备园内动物的繁殖工作。就如我们将在第九章看到的那样，这个机构在20世纪70年代全心投入熊猫事业，并且延续至今。

霍纳迪的作为远远超越了他的时代。在博物馆标本不足的时候，私人收藏家便会出发猎取动物，并且尽可能地将大量的标本带回。这些猎人最想猎杀的是以下五种大型动物——野牛、大象、犀牛、狮子和豹子。相比于今日，这些危险动物的数量在当时还有很多，官方机构甚至有专门单位从事猎杀工作。不过人们从事这类狩猎行动的主要动力还是彰显男子气概。在这种主要由男性从事的活动中，男人觉得与猛兽斗智（即使枪支的使用让他们大占上风），会让他们浑身充满力量。

要想说明这种展现了男子气概的猎杀欲望，很少会有比美国第二十六届总统西奥多·罗斯福（Theodore Roosevelt）更具代表性的例子。1888年，正当霍纳迪致力于建立国家动物园时，罗斯福也成立了一个自己的组织——布恩与克罗克特俱乐部（Boone and Crockett Club）。该俱乐部的目标在于表彰捕杀巨兽的猎人的美德，猎者“必须身体强健、心智沉稳，而且必须集精力、决心、刚毅、自信与自助能力等品行于一身”[10]。根据科学史家格雷格·米特曼（Gregg Mitman）在他的《留影自然：美洲野生动物纪录片拍摄史》（*Reel Nature:America's Romance with Wildlife on Film*）中的描述，“罗斯福认为他们那个阶级的男人，在现代社会已经在体能与道德上渐渐女性化。借着与荒野搏斗，过艰困的生活，他们可以奋发惕厉，重拾祖先开疆辟土的英勇气质与共和精神，让他们可以在公共事务上，再次展现出领导人的风范”[11]。

除了这种激励效果之外，罗斯福也希望该俱乐部所提倡的运动家式的狩猎活动，可以促使舆论转向反对工业规模的猎杀行动，不再将野牛等大型动物推向濒临灭绝的处境。因此，即使像罗斯福这样从未放弃猎杀欲望的人，也可以成为环保主义者。事实上，罗斯福的功利动机也让他在总统任期（1901—1909）内成就了美国环境运动史上的一些最重要的改革。他成立美国林务署，并且将一块约密歇根州大小的土地划归该署管理。此后，他还进行环保改革，设立了五个国家公园、四个大型动物自然保护区、多个国家纪念碑，以及五十个以上的鸟类专门保护区。

如此大规模的改革行动的确有助于民众对狩猎行动态度的改变。1925 年时，霍纳迪纵使垂垂老矣，仍然觉得应该使自己的呼吁得到重视，他表示："再不中用的猎人，只要钱够多，聘请一个专业向导，带着一支火力强大的连发式来复枪，都可以轻松射杀一只大型猎物，但是如果要让男男女女可以好好地在野外栖息地拍到美丽野生动物的靓照，如果没有丰富的森林知识、追踪技巧，以及高人一等的毅力，是不可能办到的。"[12]

也就是说，人们从拿枪支射杀动物转变成拿照相机拍摄它们的过程还没完成。对于察佩、魏戈尔德、埃德加与佩雷拉这些人，以及对那些认为枪比照相机更加有力的人来说，虽然他们本国的大部分危险动物已经消失，境内不再有打猎的机会，但是想猎杀大型野兽，只要换个地点，到殖民地去就可以了。有些人谣传大熊猫是凶猛的动物，几十年来，又有许多猎杀高手难以得逞，此外，西方博物学收藏中也很少有这种动物。这些因素加总起来，让大熊猫成为明显的目标，枪支则是最方便顺手的武器。

在这种背景下，也许我们就更容易理解罗斯福的两个儿子小西奥多（Theodore Junior）与克米特（Kermit）为何要在20世纪20年代说服芝加哥的菲尔德博物馆（Field Museum）支付远征队的费用，让他们前往中国探险，而目的主要是为了采集熊猫标本，以作为该馆新建的亚洲厅的展品。在他们于1929年出版的《追寻大熊猫》（*Trailing the Giant Panda*）一书中，两兄弟一开始就说明了他们所设定的任务有多困难：

> 我们此次旅程的“金羊毛”就是大熊猫……不时以来，像是佩雷拉将军、欧内斯特·威尔逊、察佩与麦克尼尔（McNeill）等人，都曾经展开过猎捕行动，却徒劳无功。我们知道成功的机会很渺茫。太渺茫了，所以我们都不敢让最亲近的朋友知道我们此行的真正目的。[13]

当“菲尔德博物馆华南远征队”抵达四川的时候，他们开始在戴维发现熊猫的宝兴县附近展开搜索。但是经过六天，虽然有十几位当地猎户的协助，却“连任何野生动物的影子都没看见”[14]。因此他们转往南部，并派他们的翻译，一位名叫杨杰克（Jack Young）的中美混血少年，寻找熟知熊猫习性的当地猎人。他们找到一两位射杀过熊猫的猎人，不过他们射杀熊猫却是因为熊猫游荡到他们的村子，偷吃他们的作物。有一个受访者表示熬煮猪骨头可以引诱熊猫从山腰上走下来，但是对罗斯福兄弟来说这种做法“极其愚蠢”[15]，也不符合他们心目中的狩猎风范。

就在1929年4月13日，罗斯福兄弟恰巧发现一串熊猫刚留下的痕迹，接下来的两个半小时内他们紧紧地追踪。克米特在《追寻大熊猫》中写道：“我近距离听到了咔嚓咔嚓的短促声响。”[16]有一位猎人往前急冲，然后回头要其他猎人快点跟上。就在一棵松树树身的空洞里，露出了一只大熊猫的头与前肢。“它慢慢地往竹林走去时，摇摇晃晃地，看起来昏昏欲睡。就在特德（小西奥多的昵称）跟上的时候，我们同时对着逐渐消失的熊猫身影开了枪。”它急忙逃走，但在雪地中留下了一串血迹，兄弟俩循着这道痕迹，最后发现了他们的猎物。克米特写道：“两发同时命中。”

一个月之后，他们带着剥了皮的熊猫，在现今的越南河内拍发了一封电报给菲尔德博物馆。他们写道：“运气极好，我们共同替贵馆射杀到一只漂亮的老年公熊猫。相信官方会同意这是首只被白人射杀的大熊猫。”[17] 其他人也许曾捷足先登，不过历史不会记得他们。罗斯福兄弟拥有名人光环，他们同年稍晚所出版的、描述此次远征的文章又十分风行，而且 1930 年时，他们捕获的熊猫也开始在菲尔德博物馆展出，种种现象造成了不可避免的后果。

当时（也许现今亦然）的美国兴起了一阵竞争风潮 [18]，每家博物馆都想成为美国境内最大、最全、最堂皇的自然博物馆。如果当初没有那么多一流的博物馆，这种现象很可能就不会发生，不过事实是，华盛顿有国家博物馆、纽约有美国博物馆、匹兹堡有卡内基博物馆，还要再加上芝加哥的菲尔德自然博物馆（这才列出了少

这张大熊猫素描出现在布恩与克罗克特俱乐部 1895 年的手册《各地狩猎情报》中，西奥多·罗斯福是编辑者之一。我们可以猜想，他的儿子小西奥多与克米特在 1929 年出发前往中国成为首批成功射杀大熊猫的西方人时，也带着这张图片

数几家最大的博物馆而已)。在19世纪的最后几年内,这些博物馆陷入激烈的、近乎由兽性驱使的竞争之中,每家都竞相展出最大、最完美的恐龙骨骸。这场恐龙风潮与随后于20世纪30年代发生的熊猫热有惊人的相似之处。

随着“菲尔德博物馆华南远征队”的成功出击,其他博物馆也各自筹划熊猫猎杀远征队,每队人马都亟欲收集比捷足先登者保存得更为完整的标本。1931年,费城自然科学博物馆(Philadelphia Academy of Natural Sciences)派出了布鲁克·多兰(Brooke Dolan),随行的有胡戈·魏戈尔德(就是他在十五年前靠一只婴儿熊猫出了名),以及另一位德籍动物学家恩斯特·舍费尔(Ernst Schaefer)。舍费尔看见一只熊猫幼崽躺卧在一棵树上,他举起了他的枪,将它自栖息处射下。这个远征队又从当地猎户那里取得了好几只熊猫,并将它们与剥了皮的幼崽一起送回费城。

1934年,美国自然博物馆(American Museum of Natural History)也加入了战局,赞助了“塞奇华西远征队”(Sage West China Expedition)。动物学家唐纳德·卡特(Donald Carter)提到当地猎人会在熊猫的必经之路系上横绳,当熊猫经过绊倒时,会发射出树苗做成的矛,刺进它的心脏。但是这种十拿九稳的技巧,对极度热衷于狩猎活动的西方人来说,听来一点也不像是公平的游戏。他们开始试着徒步追踪熊猫,但一旦进入广大的竹林,却发现寸步难行。卡特写道:

> 我们只能看到前方几英尺,地面上的竹叶在踩踏行走时又会发出巨大声响,竹子的根部也害我们时常跌倒。……由于竹林太密,我们没办法袭击猎物,因为我们还没靠近猎物,就暴露

了我们的行踪。我们于是沿着溪床行走，这里的路没那么危险，我们一直望向竹林顶端，看着竹枝的摆动情况，希望能因此发现在竹下觅食的熊猫。我们也戴上眼镜，目光沿着竹林上方的松树一一搜寻，希望可以找到在枝干间晒太阳的熊猫。但是什么收获都没有。[19]

于是他们改变了策略，向当地人租用猎犬。某一天，卡特和他的伙伴、动物学家威廉·谢尔登（William Sheldon）果真瞥见了一对熊猫。其中一只消失在山崖上，另一只则被猎狗追赶了一阵子，但狗群却只在它身后胆小地吠叫着。除了这次短暂的目击之外，利用猎犬的方式其实“没有什么效果”。另一天，谢尔登碰巧发现了一道足迹，他便沿着它走进茂密的矮树丛，最后发现一片熊猫曾在此睡过的平坦草地。卡特叙述：“他很确定听到了动物离开睡卧处的声音，但是因为视线都被遮掩，他没办法瞧清楚。”之后的一整天，他一直尾随它的足迹，“不过却没有看到它”。

最后，在还可以打猎的最后一天，远征队队长迪安·塞奇（Dean Sage）与谢尔登在绝望中放出了狗群，希望可以找到熊猫新遗留的足迹。塞奇爬上一个岩棚，谢尔登也找到另一个视野开阔的地方，突然他们听见一阵竹子断裂的声响。在登载于《博物学》（*Natural History*）杂志的文章中，塞奇将这段戏剧性的经历娓娓道来：

狗群冲向山谷上方，它们的吠叫声渐渐增大，竹子也跟着噼里啪啦地响。忽然，我听到大型动物低沉、愤怒的嚎叫，我开始兴奋起来。就在那时，宛如在一场梦中，我看见一只大熊猫穿过竹林朝我而来，离我大约只有60英尺的距离。它正朝着山谷上方前进，狗群则紧跟在后。我开了一枪，但没有命中。

那只熊猫转向右边，直接朝着我所站着的岩棚而来。这时，我又开了一枪。[20]

塞奇疯狂地扣着来复枪的扳机，不过却发现没子弹了。那只熊猫离他只有 6 米，然后 5 米，而且继续冲向他。塞奇慌张地想："难道用枪托打得死它吗？"就在熊猫距离他只剩 4 米的时候，他的向导赶忙将弹匣塞在他手中。塞奇将弹匣推入枪中，在熊猫离他只剩 3 米的时候，他开枪了。谢尔登也从他的所在地点开枪，然后"这只野兽，被我们的子弹同时击中，滚着滚着便滑落山坡，停在下方将近 50 米远的一棵树旁。我们成功地猎杀了一只大熊猫。"隔天，他们举行了宴会，大啖熊猫肉。

就在这种肆无忌惮、扬扬自夸的狩猎行动持续进行时，美国国家自然博物馆采取了一种较不张扬但更有效的熊猫捕猎方式。1919年，戴维·克罗克特·格雷厄姆（David Crockett Graham），一位旅居四川、博学多闻的传教士，在他回到中国的途中，拜访了这家位于华盛顿特区的博物馆，询问该馆需不需要他帮忙收集藏品。博物馆同意为他提供物资与费用，而在接下来的二十年内，格雷厄姆进行了十几次猎捕行动。继罗斯福兄弟于 1929 年堂而皇之地射杀熊猫之后，格雷厄姆开始将熊猫的遗骸送回华盛顿特区。截至 1934年，短短的五年之内，他就交给国家博物馆超过 20 只熊猫的标本，这些都是从宝兴或是汶川抓来的。格雷厄姆所捕获的最后一只熊猫的头骨，目前还展示在该馆的骨骼厅。

如此多的西方人可以在中国境内为所欲为地干尽殖民主义的勾当，这就表示继清朝瓦解之后成立的中华民国，其实无力伸张其主权。不过在这段熊猫大猎杀的时期，各种政治势力（尤其是中国国

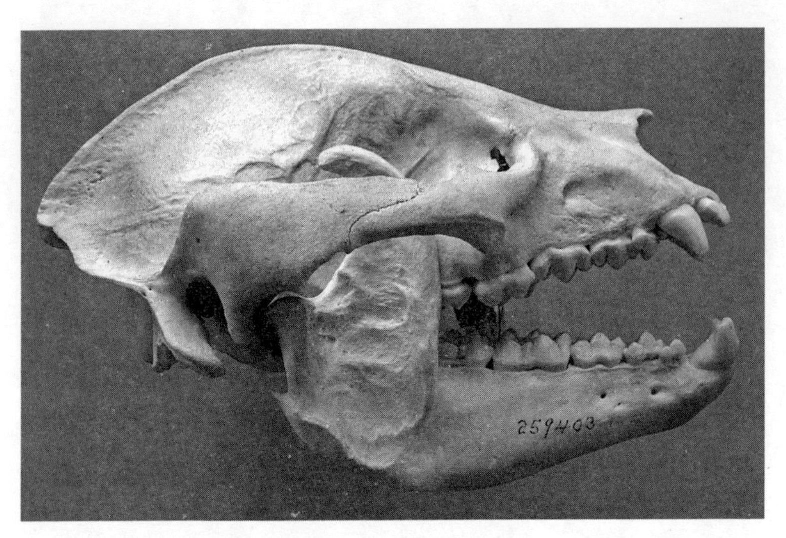

戴维·克罗克特·格雷厄姆替史密森学会所收集的一只熊猫的头骨。这件标本来自一只母熊猫，它于 1934 年 12 月在汶川附近被猎杀。注意头骨顶端突出的顶冠，这让熊猫强健的颚部肌肉与厚实的牙齿可以具有高度附着力，两者都是为了适应嚼食竹子的习性

民党与中国共产党）正集结力量对抗军阀，以求夺回控制权，进而统一中国。

自 1919 年起，面对混乱的现状与局势，中国国民党渐渐发展起来。1925 年，该党在南方的广东省另组政府，直接对抗无能的北京政权，而到了 1926 年时，国民革命军开始了其所谓的北伐。在接下来的两年内，国民革命军奋力北进，在这场漫长而残酷的战争中，奋勇对抗军阀以及一支 5000 人的日本军队。到了 1928 年时，蒋介石及中国国民党已经控制了华东地区并将首都由北京迁往南京，这是革命党人孙中山于 1912 年就任中华民国“临时大总统”的地方。

在 1928—1937 年，中国国民党建立了一党专政的体制并开始修补仍四分五裂的国家。此一全新的中国政权得到了多个外国政府的支持，包括美国与德国，由此可知美国人与德国人在这段猎捕熊猫的时期内何以占据如此大的优势。在这些国家的财务、技术与传

教事业的挹注下，蒋介石改革了银行与教育部门，改善了道路与铁路设施，并且扩充了产业基础。他也持续利用武力，想将中国共产党连根拔除，而共产党被迫逃往山区。国民党在共产党位于福建与江西边境的根据地四周筑起了封锁线，除了出其不意的大逃亡之外，共产党已经无路可走。大约八万名男女，突破封锁线，逃向自由。在1934年10月起的一年内，这支红军在6000多英里的路程中，一路被国民党军队追击，最后才得以在延安重整部队。在离开江西的所有人之中，只有少数人完成这场“长征”。其中便有毛泽东，他通过重重磨炼，脱颖而出成为中国共产党的领袖。

不可思议的是，当红军在1935年6月行经熊猫国度，取道白雪皑皑的夹金山脉向北挺进陕西时，西方人还在这个地区捕捉熊猫。譬如，就在几个星期之前，一位名为考特尼·布罗克赫斯特（Courtney Brocklehurst）的英国上尉与巨兽猎人刚完成他自费开展的熊猫狩猎行动。他也注意到了当地人为了捕捉熊猫所做的弹簧刺矛陷阱，不过与此前的美国人一样，他并不喜欢这种狩猎方式。布罗克赫斯特回到英国后，告诉报社：“我唯一的方法就是先找到新鲜足印，然后锲而不舍地追踪下去。”经过几星期的追查之后，他终于循着新鲜足迹，听到熊猫的吼叫声。他对记者说：“这声响像是豹子的咳嗽声，但是更绵长一些。”很明显，他是一位拥有丰富经验的真正猎手。

次日，布罗克赫斯特发现了熊猫的足迹并持续追踪，突然间，他发现自己正注视着一只巨大熊猫的黑眼圈，这只熊猫就站在他上方的山脊上。

> 我赶紧狂声呼叫替我背着来复枪的民夫，并且用尽全身力气，爬向那只野兽所在之处。树荫之下宛如黑夜，几乎不可能找

到一个有利的射击位置，而且机会只有一次。更糟的是，我的狗一直追着熊猫狂吠。突然，这只野兽停下脚步并且转身，我赶紧仔细瞄准，一发命中它的脖子，当场杀死了它。我不辞老远，从28000 英里外的远方而来，就是为了射出这发子弹。[21]

不过到了那时，射杀熊猫已经不再具有多大吸引力了。1935年，西方猎人开始寻求另外一种挑战，他们开始认真地思索如何活捉熊猫并运出中国。

第四章

哈克尼斯女士的冒险

芝加哥的菲尔德自然博物馆在展出罗斯福兄弟所猎杀熊猫的同一年里，也决定进行一场为期十年的调查，希望厘清中国西部的动物生态。这次行动的带领人是弗洛德·坦吉尔·史密斯（Floyd Tangier Smith），这位出生于日本的美国人放弃了金融业，转而追求冒险生活。菲尔德博物馆严格命令史密斯放过熊猫，专心搜集其他物种标本，但是这个采集者却暗藏其他企图。他渴望成为第一个活捉熊猫的人，因此建立了很多营地，雇用许多当地的猎人来看守，建构了一个捕捉网络，即使他不在场，熊猫的猎捕行动也能持续进行。他在写给美国姐姐的信中说道："我很期待我不在的时候会有什么意外收获，也希望我到各个营地的时候，会有一两只熊猫或羚牛，吃着我手上的食物。"[1]

不过在两年之内，菲尔德博物馆就结束了与史密斯的正式协议，很可能是因为经济大萧条之后，馆方无力再支付他的费用，或者根本没有意愿继续支付。如同记者维姬·克罗克（Vicki Croke）在《淑女与熊猫》（*The Lady and the Panda*，此书2007年有中译本问世）这本扣人心弦、详细叙说活体熊猫寻访过程的书中所解释的一样，史密斯如果不是“运气最糟的人，就是最窝囊无能的搜集者”。[2] 面对如此差劲的成绩，他把失败归罪于坏天气、盗匪、不老实的猎人、官僚体制与不稳定的政治。据克罗克所说，菲尔德博物馆与史密斯之间是一种自由委任的关系，这使得“这位面容枯槁、运气不佳的冒险家常常为经费来源而烦恼，他努力让自己受到重视，但那群常春藤名校男孩却总是抢尽风头”[3]。

一位名为威廉·哈克尼斯（William Harkness）的年轻探险家，就是这种让史密斯望尘莫及的常春藤男孩。1934 年 5 月，哈克尼斯与其哈佛大学毕业的同伴劳伦斯·格里斯沃尔德（Lawrence Griswold）从印度尼西亚回到了美国，他们带着几只活的科莫多巨蜥（Komodo dragon），这在当时可是难得一见的稀罕物种。9 月，这两人又踏上了另一次探险旅程，组建了“格里斯沃尔德－哈克尼斯亚洲探险队”，这次他们的目标更为远大，要成为将活着的熊猫运出中国的第一人。但是他们在 1935 年抵达上海不久，格里斯沃尔德就已回头。在一个人的情况下，哈克尼斯找到了史密斯与另一位志同道合的英国人杰拉尔德·拉塞尔（Gerald Russell），这三个人便结伙前往四川。不过因为没有获得猎捕熊猫的许可，他们又被迫返回上海。1936 年 2 月，哈克尼斯不堪癌症侵袭，以 34 岁的英年在上海辞世。

如果哈克尼斯在离开美国的几周之前没有结婚的话，他与熊猫之间的故事也许就此告一段落。在纽约，哈克尼斯活泼好动的妻子、时尚设计师露丝·哈克尼斯（Ruth Harkness）决心利用她丈夫留下的 2 万美元遗产到中国去抛撒他的骨灰，并完成他的熊猫遗志。露丝在 1936 年抵达上海，住进了其丈夫人住过的汇中饭店（Palace Hotel），并开始探索这个城市平坦辽阔、闷热潮湿的市区。[4] 维姬·克罗克描绘了20世纪30年代上海的都市风貌：

> 在中国的俱乐部里，当地的帮派分子在俄罗斯乐团的伴奏下跳着伦巴。中国的有钱少爷顶着一头涂抹梳洗过的乌黑油亮的头发，围绕穿着细高跟鞋与一袭开衩到近乎臀部的绸缎旗袍的现代中国女孩。狂欢者跳着波兰马祖卡或者巴黎阿帕希、卡里奥克、探戈等舞曲。抒情与感伤的歌手整夜嘶吼着美国爵士。[5]

哈克尼斯开始纵情享受上海生活，这时她却遇到了比她几乎大20岁的史密斯。他妄想占有她的钱财，以便让自己的猎捕行动能够继续。在抵达中国的一周之内，她的所见所闻告诉她，绝不可以同她丈夫一样，和史密斯凑在一块儿，她也让史密斯知道了自己的想法。她写信给她家乡最好的朋友："他不是个好家伙，虽然亲切可人，可是却在很多方面都不切实际，我不能冒这种风险。"[6]

后来在上海的一场派对中，哈克尼斯经人介绍认识了杨杰克，他正是20世纪20年代末伴随罗斯福兄弟前往熊猫国度的中美混血探险家。不巧他正要出发前往喜马拉雅山地区进行登山，不过他推荐自己的弟弟杨昆廷（Quentin Young），说他会是一流的伙伴。杨家兄弟帮哈克尼斯取得了必备的许可证，条件是杨昆廷也要为南京政府的中央研究院提供另一具标本。哈克尼斯身旁多了这个年轻小伙子后，也就断绝了与杰拉尔德·拉塞尔的来往。她给家里写信道："这位英国绅士已经被哈克尼斯亚洲探险队踢出门外。"[7]

1936年9月，哈克尼斯向史密斯与拉塞尔道别，与年轻英俊的杨昆廷一起坐上蒸汽船，如同七十年前的阿尔芒·戴维一样上溯长江。他们经过武汉、重庆，然后采陆路到达成都，随即向山区进发。哈克尼斯一路上所遇到的每个人都无法理解为何有人，尤其是个女人，会想踏上如此危险的旅程，他们也都警告她不要冒险。但是这位纽约人还是意志坚决，一心一意要完成她的熊猫计划。那时中国的局势动荡不安，国民党军队正与共产党和地方势力进行激战，但是很意外地，哈克尼斯一路上却没有目睹太多的战争惨状。不过在成都附近，她确实感受到了一些紧张气氛。背着机关枪的国民党军队不断地从哈克尼斯身旁经过，而一个民团后头拖着两个被五花大绑的土匪。不久后，当她再次看到其中一位时，此人已变成路旁的一具死尸。“他的身上布满弹孔，从外表上看，至少有八或十发子弹击中了他的脸。”[8] 在杨昆廷的翻译下，哈克尼斯发现死者原是六百多名土匪的首领，一些手下刚刚试图营救他。不过士兵们没有让他们得逞，反而赏了他们老大满身子弹。但另一位匪首则似乎顺利脱逃。

史密斯雇用了一大群猎人，组成猎捕网，这些猎人正散布在野外搜寻熊猫；而拉塞尔也不是哈克尼斯原先想象的那种“英国绅士”，因为她和杨昆廷前脚才踏上汽船，拉塞尔后脚就搭上了前往成都的飞机，想抢得捕捉先机。哈克尼斯在无计可施之下，只能挺进汶川，在那里，他们雇用了一位瘦削强壮的西藏老猎手，此人向他们保证一定可以抓到熊猫，并带着他们西行进入山区。

在《淑女与熊猫》一书中，维姬·克罗克对哈克尼斯与杨昆廷之间萌生的爱意，有一番动人的叙述，他们在一座装饰有充满情色意味的雕像与画像的西藏废弃城堡里享受了鱼水之欢。“可鄙、恶心而又下流”[9] 是生物学家欧内斯特·威尔逊途经该地区时对这些作品的形容，但这两位旅人却深受震撼，才不过短短三十年间，转变竟如此之大，实在让人惊奇。

11 月初，杨昆廷建立了大本营，不久于海拔较高处建立了另一个，接着在更高处又建立了一个。虽然他们当时还不明白，但这个时节正是猎捕熊猫的大好时机。史密斯如此费尽心机也未能如愿捕获一只成年熊猫，可见此事有多困难。但母熊猫就不一样了，出于繁殖策略，它们几乎都会在夏末产子，这一点我们在后续章节还会再探究，所以要抓到一只六周大的熊猫幼崽，其实是一件相对容易的事。有一天，他们一大早就出门去查看杨昆廷设下的陷阱，这时他们听到一声细微、悲哀的尖叫从一棵腐坏的松树中传来；就这么不可思议，他们竟然碰巧发现了一个熊猫巢穴，而且母熊猫还一如既往地外出寻找食物。杨昆廷伸手到洞里，小心翼翼地把这一团黑黑白白的东西，交给了哈克尼斯。

但要怎么养活熊猫宝宝，才是接下来麻烦的部分。史密斯之类的男人总是带着枪进入熊猫国度，哈克尼斯可不一样，她带着奶瓶与奶粉。他们一路溜回大本营，将别出心裁的奶瓶安排就绪，熊猫宝宝就开始吸奶了。哈克尼斯给它取名叫苏琳，这是杨杰克妻子的

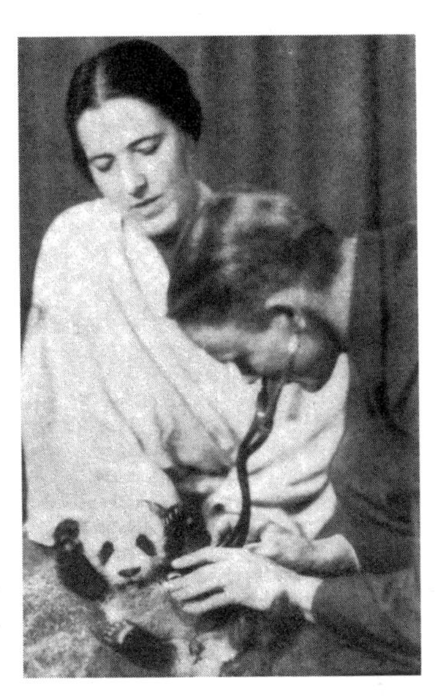

1936 年 11 月在邀请媒体进入上海汇中饭店的客房采访前，露丝·哈克尼斯让当地医生检查一下苏琳

小名。熊猫苏琳和阿德莱德·苏琳·杨（Adelaide Su-Lin Young）一样漂亮，就此而言，这个名字很适合。但是后来的尸检报告却显示熊猫苏琳是雄性的，于是这个名字就显得不那么妥当了。在捕捉到苏琳不到十天之内，哈克尼斯和她的熊猫就动身由成都飞往上海。消息迅速传了开来，哈克尼斯害怕风头太盛会发生意外，只答应在离开前才接受采访与照相。哈克尼斯信守承诺，在 11 月 27 日，即她将登上“俄罗斯皇后号”商船返回美国的前一天，让上海的记者在饭店房间内集体采访了她。

但是哈克尼斯在赶办文件时遭遇了困难，可能是因为海关官员听到风声，知道她要为苏琳在太平洋上的航程投保 1 万美元的死亡险，于是“俄罗斯皇后号”没有搭载她便启航了。隔天，《大陆报》（*China Press*）怀疑哈克尼斯把熊猫带回美国之后将会拿到 2.5 万美元，这让事情变得更糟。在惊慌失措之下，哈克尼斯恳求得力的朋友介入，靠银子打通关节。显然上海的官员十分满意，于是发出一纸“狗一只，20 美元”[10] 的出口许可。哈克尼斯与苏琳登上了“麦金利总统号”，这是一艘经日本前往旧金山的汽船。

在熊猫启程之后，史密斯终于压抑不了怨怒之情。在活捉熊猫竞赛的最后一刻竟然被人捷足先登，何况还是个女人！在 20 世纪 30 年代，对史密斯这类男人来说，这真是难以接受的事实，于是他向媒体编织了一套谎言。他向《大陆报》宣称他的人一直都守在洞穴附近，哈克尼斯听到风声之后，却偷偷潜入把熊猫偷走。[11] 他的不实指控持续上演几周之后，不一致的地方一一浮现，而且这时候史密斯也几乎无法获得镁光灯的青睐，因为哈克尼斯和她上镜的熊猫才是媒体焦点。在旧金山的码头，记者蜂拥而至，将他们团团围住，在芝加哥和其最后抵达的纽约也都一样，哈克尼斯还想把这只大熊猫卖给纽约的布朗克斯动物园（Bronx Zoo）。她自己也有潮水般的访客，包括克米特、小西奥多与其子昆廷（Quentin）。根据哈克尼斯的说法，与她的熊猫见过面之后，这些粗犷的男人都变得温柔了。有人说也许以后也可以把苏琳做成标本，跟罗斯福的熊猫一样，展示在菲尔德博物馆的标本室，小西奥多听到之后直呼难以想象。他说："这听来就好像要剥了我儿子的皮一样！"[12] 迪安·塞奇，1934 年美国自然博物馆赞助的塞奇华西远征队队长，也前来拜访哈克尼斯与苏琳并且"完全拜倒"在它的魅力之下。[13] 他对她说："你知道吗，哈克尼斯女士，我以后对熊猫都下不了手开枪了。"

最初的时候，布朗克斯动物园和其他美国动物园都不想争取这只熊猫。因为有太多未知因素：幼小的熊猫很脆弱，可能随时会死掉；竹子的供应是否稳定；其他替代食物等都是问题。除了这些不确定的因素外，他们还得付出一大笔钱。不过哈克尼斯没多久就和芝加哥新开业的布鲁克菲尔德动物园（Brookfield Zoo）签好了合约：他们愿意收留这只熊猫，并为再去中国抓一只熊猫和苏琳凑成一对提供资金。对于动物园来说，这是极为精明的算计。苏琳在 4 月底公开亮相的时候，由于大批媒体在前几个月内的争相报道[14]，民众趋之若鹜，挤爆了动物园。第一天的入园人数就超过 53000 名，在一个星期之内，动物园的门票收入就已经将财务支出摊平。1938 年，为了给受到大萧条影响的美国民众增加一些生活趣味，美国政府推动联邦艺术计划（Federal Art Project），画家弗兰克·朗（Frank W. Long）为了这个计划制作了一幅精美的苏琳海报。

就在这一切发生的同时，国民党对全国的掌控开始减弱。由

1937 年 8 月 14 日，中国的炸弹没有击中停泊在上海黄浦江的日本舰队，反而落在市区，造成了汇中饭店的损毁。就在几天之前，露丝·哈克尼斯入住该饭店，不过炸弹爆炸时她并不在饭店内

于蒋介石决心击溃长征中的共产党，中国北方出现防卫空虚，这让逐渐拓展势力的日本人有机可乘。就在哈克尼斯与苏琳于 1936 年离开中国的几天之后，张学良和杨虎城策划囚禁了蒋氏，发动了著名的“西安事变”。他们要求国民党马上放下与中国共产党的分歧，组成抗日统一战线。为了尽早获得释放，蒋氏不得不同意他们的条件。当国民党与共产党共商合作细节的时候，北方却发生了让他们措手不及的事件。日本军队占据了北京和天津。

蒋介石立即做出反应，试图反击停泊于黄浦江上的日本战舰。但是炸弹没有击中日本舰队，反而不幸地落在市区，造成数百名民众丧生。其中一个遭到误击的目标正是哈克尼斯在前一年停留上海时落脚的汇中饭店。让她的朋友十分着急的是，哈克尼斯在几天前才又抵达中国，准备第二次的熊猫探险行程，而她也已入住这家饭店。维姬·克罗克在《淑女与熊猫》一书中描绘了这一人间惨状：

爆炸声震耳欲聋，炮弹威力惊人，玻璃四散，土木横飞。烟雾散去之后，人们的眼前宛如“人间炼狱”。人行道血流成河。在玻璃碎片与瓦砾碎石之间，布满断裂的肢体与头部。被焚毁的车子里，焦黑的乘客依然挺直地坐在位置上。血与肌肉燃烧的气味混杂在炮弹苦涩的烟雾之中。几百名震晕与垂死的伤者躺在瓦砾遍布的街道上，他们惊醒之后，痛苦地在地上翻滚，空气中弥漫着哭声。[15]

还好这座建筑物被迷航的炸弹炸毁的时候，哈克尼斯并没有在里面，但是四处残破的景象，对她来说就像是一场濒死体验，这反而赋予她一股力量，她在写给美国友人的信中说：“我知道我不会死于这场战争，但是我毫不畏惧，轰炸最猛烈的时候，也敢走到码头，因为知道我不会怎样。这是一种安心的感觉，不过对其他不幸丧生的人，还是会感到难过。”[16]

哈克尼斯的熊猫使命感与日俱增，并开始为旅程做准备。这次任务，她必须在没有杨昆廷的帮助下独自完成，因为杨已经和他交往许久的女友结婚，人早就不在城内了。由于溯航长江上游十分危险，哈克尼斯选择绕行比较安全的南方，经由香港地区、越南再进入中国抵达四川。这时日本与中国已经陷入了全面战争，交通网络渐渐瓦解，可见哈克尼斯的过人勇气。她在两个月的时间内就回到了熊猫国度，正好又赶上捕捉熊猫幼崽的绝佳时机。

与此同时，日军已经占领上海，开始朝中国政府的首都南京进发。就在这个城市里，发生了历史学家史景迁形容为“现代战争史上最黑暗的恐怖与灭绝事件”[17]。入侵的日军部队，屠戮了大量士兵和平民，并奸淫了无数妇女。被迫撤退的中国政府把政府迁往长江中游的武汉，这就是为何哈克尼斯在 1938 年 1 月又捕获另一只毛茸茸的熊猫宝宝之后，会赶赴那里办理出口美国的文件。虽然在没有杨昆廷的协助下就成功完成了任务，但哈克尼斯对他还是念念不忘。她以为这只熊猫也是母的，所以用杨昆廷新婚妻子的名字将它取名为黛安娜。

但在回到美国之后，黛安娜被改名为妹妹（Mei-Mei），这个名字倒也适合，不过跟苏琳一样，后来人们发现它也是公的。很多人很想看到这两只熊猫在一起的画面，但是它们却只共同生活了几周，因为苏琳突然在 4 月 1 日死去。

隔周，《生活杂志》（*Life Magazine*）刊登着："在悼念苏琳的无数人里面，最伤心的莫过于哈克尼斯女士了。"[18] 据传苏琳因为吞下橡树枝，刮伤喉咙，感染扁桃腺炎而死亡，但是正式的报告完成时却记载它是因为肺炎而丧命。同期《生活杂志》在前一页刊出一幅地图，说明德国纳粹所设想的欧洲蓝图。标题上写着："狂妄至极的德国宣称其拥有瑞士三分之二的国土以及阿尔萨斯－洛林的大部分土地。侵袭捷克斯洛伐克西部边境的德军对欧洲和平构成了直接的威胁。"尽管欧洲战云笼罩，中日之间进行着血腥的战斗，哈克尼斯仍然决意在芝加哥配成熊猫佳偶，因此她再次赶赴四川。她原来的伙伴杨昆廷早已回到野外，并抓了两只熊猫养在成都。

但是其他动物园看到苏琳与后来的妹妹为布鲁克菲尔德动物园带来的门票效益，也纷纷投入活捉熊猫的行动。1938 年 6 月 10 日，成都的华西协合大学有一位教授赠送给布朗克斯动物园一只母熊猫，园方将它命名为潘多拉（Pandora），他们还计划第二年再引进一只取名为潘（Pan）的公熊猫。

熊猫猎人弗洛德·坦吉尔·史密斯也没闲着，他的熊猫猎捕网在年初时就已经抓到了好几只熊猫，并也已经运往成都。但当日本人从遭蹂躏后的南京开拔，进攻国民党的据点武汉时，战争渐渐迫近了熊猫的栖息地。蒋介石在放弃武汉、迁往重庆之前，下令破坏黄河沿岸的堤坝，以延缓日军的攻势。这个举措让史密斯运送活熊猫的计划严重受阻，他本人也被困在成都好几个月。哈克尼斯在抵达成都时，看到了史密斯所圈养的熊猫的惨状。她写给朋友说："他把它们养在脏兮兮的小笼子里，任由烈日暴晒，没有遮蔽，没有自由活动空间。他只专门大批猎捕熊猫，完全不顾它们的死活。"[19]

最后，在10月，史密斯计划把六只熊猫运离战争之地，先经过三星期陆上的颠簸跋涉，再登上船只经由汹涌的大海到达香港。有一只熊猫在途中死亡，其他五只则平安抵达香港。该年有一部卖座电影叫《白雪公主与七个小矮人》，史密斯为了沾点光，把其中三只命名为开心果（Happy）、糊涂蛋（Dopey）和爱生气（Grumpy）。另外较老的那只母熊猫取名为老奶奶（Grandma），年轻的另一只则叫作宝宝（Baby）。他在寻找前往英国的安全路途的时候（伦敦动物园开始透露出对熊猫的兴趣），也让这几只动物在香港爱护动物协会的犬类之家休养生息。该机构的荣誉秘书罗莎·洛斯比（Rosa Loseby）对她需要看护的这些动物十分着迷，但是它们刚刚经历的艰难旅程却令人担心。她在写给《野外》（*The Field*）月刊的一封信里说："如果全世界的动物园非得资助野生动物的交易，至少也要负责监督交易过程，不可以放任私人肆意妄为。"[20]

露丝·哈克尼斯也开始有这种感觉。杨昆廷所抓的两只熊猫，有一只在暴风雨中突然发狂，他被迫开枪把它射死。另外一只熊猫却因此有了令人惊奇的不同命运。这位第一次将活熊猫运到西方的女性探险家，一路护送这只年轻的动物回到山林，让它重归自由。她守卫了好几天，确定它不会再回来。[21] 这几天里，她只再见过它一次。哈克尼斯写道："这只半黑半白的毛球小子只回头看了文明世界一眼，然后就拔足狂奔，好像地狱所有的鬼魅都在追着它。"

《中国杂志》的编辑英国博物学家苏柯仁（Arthur de Carle Sowerby）疾声反对日益猖獗的熊猫走私行为。他写道："大熊猫是稀有动物，不堪长期遭受这种虐待。因此，我们恳求中国政府介入，在还来得及的时候，尽快挽救大熊猫，不要让它们灭绝。"[22] 这个时代如此动荡，中国又面临日本的重重压力，但难以置信的是，几个月之内，四川省政府就下令禁止捕捉熊猫。

不过史密斯早已带着熊猫上路，登上了"安特诺尔号"，在大雪纷飞的 1938 年圣诞夜抵达伦敦。来迎接他的人是伦敦动物园的杰弗里·维弗斯（Geoffrey Vevers），他负责安排大熊猫经过市区到动物园的运输事宜。最老的那只熊猫——老奶奶——不到两个星期就死了。在第二次世界大战前夕，开心果被卖给德国动物商，开始旋风似的巡回德国各地，最后逃出欧洲，前往美国（它与另外一只名为宝贝的熊猫，在圣路易斯动物园度过了大战时光）。

爱生气、糊涂蛋与宝宝则被伦敦动物园接走，并分别用三个中国朝代的名称重新将它们命名为"唐""宋""明"。玛格丽特公主和她的姐姐伊丽莎白，后来的英国女王，也现身于数千名群众的行列中，一同观看首次出现于英国本土的熊猫。群众中还有一位中国诗人、作家与艺术家蒋彝，他在 20 世纪 30 年代离开中国到了英国。在维弗斯的允许下，蒋彝静静地在白天观察这些动物，甚至动物园关门的晚上也不走。他同时也观察群众还有他们对他的熊猫同胞的反应。“有一位老绅士说这不过就是寻常的动物，他真无法理解为何大家要这么大惊小怪。”[23]

不过蒋彝本人则是深受感动，动笔写下了两本感人的童书，并亲自绘制插图。《金宝与大熊猫》(*Chin-Pao and the Giant Pandas*)是一本充满哲思的故事，内容叙述了一个中国男孩如何与五只熊猫所组成的家庭一起生活在野外，蒋彝把这本书献给弗洛德·坦吉尔·史密斯。这个猎人在故事的最后出现，把男孩带回原来的家庭，并把熊猫通通抓走。之后几年出版的《明的故事》(*The Story of Ming*) 针对的是更小的孩子，它讲述了“明”到伦敦的旅程。在这个故事里，蒋彝提到了大熊猫的外交官才华，他写道：“明是中国的真正代表。它天真善良又好客，跟中国人一样。它很有耐心，就好像所有的中国人一样。它择善执守，中国人也是一

作家蒋彝在其著作《明的故事》中所想象的熊猫猎人弗洛德·坦吉尔·史密斯

样。”[24] 他得出结论：“它打算下半辈子都住在这里，与英国人成为永远的朋友。”

在蒋彝写下这些文字的同时，中国的政治势力也开始察觉西方大国对熊猫十分着迷，也许他们可以利用大熊猫来强化与这些国家的关系。当全世界陷入战争之时，中国与西方盟国发现他们属于同一阵线，需要一起对抗德国和日本，美国更成立了“美国援华联合会”(United China Relief)，筹集救济中国的资金。为了表示感谢，国民政府想回赠一个既合适又具有代表性的礼物给美国人，他们很快就锁定了一对熊猫。这一对熊猫抵达布朗克斯时，就换上了新名字潘弟（Pan-Dee）与潘达（Pan-Dah），成为首次跃上国际政治舞台的熊猫。1941 年，蒋介石的妻子在赠送这一对熊猫幼崽给纽约动物学会（New York Zoological Society）代表约

第二次世界大战期间，美国成立了美国援华联合会，筹集资金，为面对日本侵略的中国人民提供人道救援

翰·迪梵（John Tee-Van）的仪式上，对美国民众发表了以下广播声明：

> 通过美国援华联合会，我们的美国朋友们，你们减轻了我国人民的痛苦，让他们因为无妄之灾而承受的伤痛得以愈合。我们想轻轻地说声"谢谢"，同时也希望通过您，迪梵先生，将这一对讨人喜欢的、黑白相间的、毛茸茸的熊猫赠送给美国。我们希望它们可爱逗趣的模样可以将欢笑带给美国的小朋友，一如来自美国的友谊之情所带给中国民众的喜悦一样。[25]

"唐"与"宋"在大战爆发不久后死去，伦敦动物园想搜集更多的熊猫。为了取得熊猫，英国商会打算提供一个全额资助的名额作为交换，让中国生物学家前往英国研究机构学习一年。这不是什么了不得的事，不过却是划时代的创举，随着1946年一只名叫"联合"（Lien-Ho）的熊猫与一位中国生物学家到访伦敦，中国首次经由熊猫出口获得了实质利益。随后的五十年内，在更符合动物伦理的情况下，出借熊猫给西方以进行研究，借此换取保护基金与专业技术，已成为常态做法。

当然，在熊猫联合抵达伦敦的时候，第二次世界大战已经结束。1945年落在广岛与长崎的原子弹迫使日本人投降，在美国的协助之下，中国国民党开始取回华东地区的控制权。不过这场战争已经腐蚀了蒋介石的政治权力，中国共产党在毛泽东的领导下日益壮大。在日本人还是共同敌人的时候，国民党与中国共产党暂时维持了团结的假象。但是，随着上百万日本军民开始退出中国，这两个政党展开了残酷的内战。随着国家金融体系的崩解与失业率的高涨，共产党的支持率渐增。人民解放军控制了华北，然后挺进南京。最后在走投无路之下，蒋介石撤退至台湾。

在 1949 年 10 月 1 日的典礼上，毛泽东宣布了中华人民共和国的成立。西方对熊猫的剥削就此结束。自此以后，中国共产党坚决表示其他任何国家对熊猫事务的参与，都必须严格遵守他们的条件。

第二部

环游世界之旅

第五章
远渡重洋的电视明星

20 世纪 50 年代，有两只熊猫跨出了中国的疆域，从此改变了熊猫与人类的历史。它们的名字是姬姬与安安。

中国的第一个动物园成立于清末，地点在北京西郊，经过 20 世纪上半叶的动乱之后，早已残破不堪。不过共产党于 1949 年取得政权之后，开始将其转型为现代动物园。[1] 他们派遣采捕员前往中国各地的荒野，来充实空荡荡的笼舍，并使动物园重新对外开放。没多久，北京动物园便拥有了一对金丝猴——这是世界各地的动物园中第一次展示金丝猴，还有金猫、雪豹、老虎、一只羚牛，以及几只大熊猫、小熊猫。不过大部分稀有动物的产地都在中国境内，无法反映出地球上动物的多样性。

也正因为如此，1958 年 5 月当一批非洲哺乳类动物——包含三只长颈鹿、两只犀牛、两只河马与两只斑马——运抵北京时，动物园的管理人员极为兴奋。这批动物在数周的时间内由肯尼亚运至北京，运送者是一位名叫海尼·德默尔（Heini Demmer）的奥地利年轻动物商。他想要哪些动物作为交换呢？你不妨猜猜看。芝加哥动物学会在最后一只人工饲养的熊猫美兰（Mei-Lan）死于 1953 年后（这是他们的第三只熊猫），便一直在寻找另外的熊猫。该学会愿意掏出一大笔钱，他们跟德默尔说，只要他帮学会弄到一只熊猫，就可以拿到2.5万美元。德默尔和他的太太带着他们的大型哺乳类动物，一路从他们位于内罗毕的作业基地，经过印度、泰国，克服险阻抵达中国。北京动物园的员工欢迎这些外国人的到来，德默尔事后回忆："园长十分亲切，让我可以在三只熊猫中随意选一只，我觉得这真是太客气了。"[2]

他并不急于做决定，好几天内他都待在动物园里和熊猫生活在一起。他写道："我整个星期都在观察这些稀有动物，目的并不只是为了选择一只合适的对象，也希望能够尽可能在这么短暂的时间里，好好熟悉它们。"一开始，他发现这些熊猫"颇具野性且完全不让人触摸"。

> 我坚定地相信人工饲养的幼小动物拥有的爱，应该跟得自母亲的爱不相上下，我在自己的非洲牧场里，总会试着让新捕获的所有幼兽都可以马上拥有一位可以整天陪伴它的非洲男孩，给它们喂食并且一直跟它们玩耍。

由于身边没有年轻的非洲男孩可以使唤，德默尔得自己充当继母。当他首次进入其中一只熊猫的笼子里时，惊动了中国管理员。这事一点也不意外。他写道："我必须马上离开笼子。"不过没隔多久，最幼小的那只名叫姬姬的年轻母熊猫，开始允许德默尔待在笼子里。后来他回忆道："它的心灵受创，正在找寻可以依靠的人"，"我觉得它把我当成了好朋友"。[3] 就在德默尔为他的新朋友安排前往美国的事宜时，他遭遇了一些麻烦。以《泰晤士报》驻华盛顿记者的话来说，就是"另一位'移民'被美国国务院拒斥于国门之外”[4]。德默尔和他的熊猫成了“冷战”政治的受害者。

自 1947 年以来，美国严厉制裁向苏联与其盟友输出军火的行为。1949 年，其他多个国家，包括英国、法国、意大利、荷兰、比利时与卢森堡，同意加入美国阵营，成为输出管制统筹委员会的成员国，其目标在于加强对于苏联阵营的经济压迫。中国共产党掌控中国之后，苏联立即向新政权提供支持，美国国家安全委员会则明确表示，中国也适用于相同的输出管制：

> 美国应该采取安全措施，尽力防止苏联、其欧洲卫星国与朝鲜，自中国直接取得目前美国与其欧洲盟友所禁止的战略物资与设备。[5]

毛泽东早已预料到此一发展，并借此机会激起中国民众的战斗意志，使民众团结起来对抗美国所领导的“帝国主义禁运”。他在 1949 年 8 月宣布：“封锁吧，封锁十年八年，中国的一切问题都解决了……没有美国就不能活命吗？”[6]

毛泽东不久便透露了他的政治意向，他选定莫斯科作为第一次国事访问的地点。他与斯大林在 1950 年 1 月 22 日会晤了两个小时，虽然两人并未取得共识，但是此后六周内的后续会谈，却促成了《中苏友好同盟互助条约》的签订。6 月，朝鲜军队大举进入朝鲜半岛南部地区。美国总统杜鲁门马上为南方提供支持，其他几个国家的部队也随之加入。联合国军的反击迫使朝鲜军队退至鸭绿江畔。但在 10 月时，数十万中国军人前来协助朝鲜，迫使联合国部队退回首尔以南。

在几年的时间内，中国与美国的关系已发生大变。在 1949 年

1950 年毛泽东与斯大林进行了历史性会晤，此为纪念邮票

以前，美国一直是中国最强大的贸易伙伴，如今两国却处于战争状态。随着朝鲜战争于 1952 年陷入僵局，西方国家为了管制敏感商品出口到中国与朝鲜，以免影响战事，设立了中国统筹委员会(China Coordinating Committee)。[7] 他们也开始减少对来自东方的物资的进口。

在第二年的停战协议签订之后，对于中国统筹委员会的支持也迅速减少，但并未完全消失。艾森豪威尔总统的国务卿约翰·福斯特·杜勒斯（John Foster Dulles）仍然坚持对中国采取强硬立场。事实上，直到 1972 年理查德·尼克松总统访问中国以前，中美关系都处于冻结状态，这部分我们在第九章会有更多说明。

虽然美国国务院采取了坚壁清野的立场，德默尔却没有因此放弃，他希望“华盛顿的某位高官可以睁一只眼闭一只眼，忘却姬姬的共产主义背景，允许它进入并留在美国”[8]。在此同时，他把关在笼子里的一只熊猫、雪豹、云豹与其他几只稀有动物一起带往欧洲。这次旅途的第一段行程是搭乘飞机由北京飞往莫斯科，不过姬姬并不是踏上这段旅程的第一只熊猫。

20 世纪 50 年代中期，中国与苏联的关系开始恶化，毛泽东为了让形势和缓，在 1957 年送了一只熊猫到莫斯科。平平（Ping-Ping）当时还被认为是一只母熊猫，在 5 月抵达苏联时，正好赶上 7 月的第六届世界青年与学生节（World Festival of Youth and Students），并成为热点之一。所以当姬姬抵达莫斯科动物园的时候被送进“一个非常大的别墅”[9] 里好好歇息，并且跟平平住在一起。后来，在几乎相隔八年之后，一切物是人非之时，它还会再次回到这里，但是此刻它只会在苏联首都待十天，等待德默尔与其他动物伙伴，并继续踏上前往欧洲的旅程。他们在莫斯科机场搭上汉莎航空飞往东柏林的班机，到达目的地后，在柏油路面上迎接他们的是柏林动物园的园长以及一辆搭载他们到动物园的卡车。德默尔写道：“不用说也知道，每个人都很高兴看到战后第一只抵达欧洲的大熊猫。”[10]

次日，德默尔开始为他的动物安排从东柏林到西柏林的运送事宜。虽然还要等到好几年后的 1961 年，柏林墙的第一个砖块才会被砌上，但这时候的柏林已经是被“冷战”界限划分得一清二楚的城市，东部是苏联区，西部则为美、英、法占领区。即使没有物理障碍的阻隔，要从东区到西区也是非常困难的事，反之亦然，特别是还要办妥证件，才能送走一只熊猫、两只豹子以及其他一些珍禽异兽。不过最终德默尔还是取得了必要的文件，顺利前往位于西柏林美国区的滕佩尔霍夫机场（Tempelhof Airport）。

这些动物被移往泛美航空班机的空调机舱里，准备转运到法兰克福。在目的地机场，德默尔接受了一群记者和摄影记者的冗长访问。最后姬姬来到了这个城市的动物园，“在那边，早已为这位初来乍到的小女王准备好了一个美丽的大笼子”[11]。旋转门一直都没停过，姬姬越来越受欢迎，来看它的观众还包括意大利演员马尔切洛·马斯特罗扬尼（Marcello Mastroianni，主演过《甜蜜生活》）与马里萨·梅利尼（Marisa Merlini，主演过《面包、爱情与梦想》）。

与20世纪40年代的熊猫前辈开心果一样，姬姬也一直巡回于欧洲各动物园，从法兰克福到哥本哈根，1958年9月初再从哥本哈根到伦敦。即使是身为经理人的德默尔也不会放过每次照相的机会，他还在前往摄政公园（Regent's Park）的路上安排了一个照相场景，请一位伦敦警察指挥，让姬姬在他车顶的木箱上表演摇摇欲坠的平衡游戏。

在伦敦动物园，德默尔又搞出一些新噱头，目的都是为了提升姬姬的知名度。它才在摄政公园暂时的新家有几天的休息时间，德默尔就带着它参加黑猩猩草地派对，还安排录像小组录制画面。在录像期间，姬姬跳过低矮的围栏栏杆，跑到了观众中。德默尔很清楚录像机还在摄制，而且拍照也还在进行，于是跳过围篱，与它展开激烈的追逐。几天之后姬姬又跳出兽笼，在兴奋的观众脚边磨磨蹭蹭，还把一位女士推倒，害得她的脚流了血。[12] 这些成为新闻焦点的脱逃记，目的也在吸引更多观众。

最初，伦敦动物学会（Zoological Society of London）只打算安置姬姬三个星期。但是后来，一直到它于1972年去世的时候，伦敦动物园都是它的家。若非两位有力人士的帮助与电视媒体的新兴力量，结局不可能如此。

1955年，一位名为索利·朱克曼（Solly Zuckerman）的杰出动物学家就任伦敦动物学会名誉秘书这个极为重要的职位。在那个时候，动物园是日渐没落的机构，大战时无人在意，现在又缺乏资金与员工。当时50岁的朱克曼，先着手让动物园的财务状况稳定下来，让它不至于关门大吉。

他颇具创意的解决方法之一是先与他有影响力的老友悉尼·伯恩斯坦（Sidney Bernstein）搭上线，此人正巧是格拉纳达电视公司（Granada Television）成立后的首任董事长，这是一家独立制播英国电视节目的公司。朱克曼让伯恩斯坦与格拉纳达电视全权制作以该动物园动物为主角的博物学节目。朱克曼在其自传《猴子、人类与导弹》（*Monkeys, Men, and Missiles*）中写道："我希望这个单元的节目可以为本学会筹集大笔资金，想不到这在几年之内就达成了。"[13]

朱克曼所提的条件之一是格拉纳达电视与影片单元必须由科学家担任主持人。主持人的棒子后来决定交给德斯蒙德·莫里斯这位刚从哈佛大学取得博士学位的动物学家。他的博士论文探讨的是十棘刺鱼的繁殖行为，这一点也不符合电视制作的条件。其实莫里斯对这个新工作也很惊讶。他回忆道："我这个菜鸟对电视一窍不通。"[14] 不过他很上镜，宛如十棘刺鱼在布满水草的河里一样，如鱼得水。结果，《动物时间》（*Zoo Time*）这个儿童博物学系列节目便于 1956 年春开播。

这个节目在很多方面都类似大西洋对岸已收得成效的电视节目《动物大检阅》（*Zoo Parade*），芝加哥的林肯公园动物园（Lincoln Park Zoo）靠这个节目在几年内就改善了财务状况。1949 年有位制作人与该动物园的园长接洽，探询是否可以在动物园里制作半小时的现场节目；园长深知"动物园的存活关键就在于知名度与宣传"[15]，于是马上把握住这个机会。即使仅有三分之一的美国家庭拥有电视，却大约有 1100 万名观众在星期天下午坐在电视机前收看这个节目。科学史家格雷格·米特曼在《留影自然》中写道："1952 年时，林肯公园动物园的入园人数飙升至 400 万人次以上，群众蜂拥而来观看他们喜爱的动物明星。”[16] 这个节目捧红了许多家喻户晓的主角，譬如大象朱迪、耳廓狐福阿德、大猩猩辛巴、狮子尼罗、臭鼬甜心威廉，还有黑猩猩海涅二世，而且也极为超越时代地预告了数十年后电视真人秀节目的来临。

英国的《动物时间》紧接着《动物大检阅》，仿效了其所做的开拓性创举。几百集节目播出后，莫里斯于 1966 年出版了一本回顾这一系列节目的书，其中他写道："太多的动物节目都有一种假造的‘摄影棚’氛围，这很容易就能看出来。”“大部分的动物都不喜欢陌生、不熟悉的环境，到了那里也只会坐着发脾气或者蜷曲在角落。”[17] 因此，莫里斯坚持不把动物从摄政公园送到电视摄影棚，必须跟芝加哥的节目一样，把摄影机直接带到动物园去录制。不只这样，莫里斯还要求在圈养空间里设置一个合适的摄影棚，可以让他在节目播出前的准备时间里，让动物适应一下环境。他认为这样做不但可以避免动物不必要的紧张，也会让电视上的效果事半功倍。伯恩斯坦同意他的看法，将一座本来要用于温布尔登网球冠军赛的活动式电视摄影棚移到伦敦动物园。虽然不过是个放置在鸟园后头的小棚，但这个后来大家都称为“巢穴”的地方，却是大部分实景的拍摄场所。

在录像带问世之前，这些实况转播也有些紧张刺激的画面，当然这也是让它们如此受欢迎的原因。莫里斯写道："跟獴或者猴子之类难以预测的动物合作，经常都会有麻烦产生，我们也都觉得把这些画面剪掉，会像是在蒙骗观众。”[18]《动物时间》于 1956 年 5 月 8 日现场直播的首集就出现了这样一个事件。在准备播出前，有一只叫作尼基（Nikki）的小熊来到了动物园，这是苏联共产党第一书记赫鲁晓夫送给安妮公主的礼物。尼基的后台关系让它可以在开场秀中有一段专访时间，但它却马上紧抓着莫里斯的手不放。莫里斯回忆道："还好很幸运的是，节目以黑白画面播出，观众看不出血的颜色。"[19] 这就像是火之洗礼，让他对往后的事故也有办法因应。莫里斯说："如果有一只熊死死抓着你的上臂，让你血流如注，可这又是你的第一个电视节目，还实况播出。天底下还有比这个更悲惨的事吗？"

邀请尼基之类的动物明星成了这档节目日后的常态。自此之后，伯恩斯坦和他格拉纳达电视公司的制作人就不断找寻可以来上这个节目的动物奇才。姬姬一到欧洲就光芒四射，又到处淘气惹事，是一个非常适合的对象。格拉纳达开始与奥地利动物商德默尔讨价还价。最后经过数小时的协商，双方谈妥了 12000 英镑的价码，这是布鲁克菲尔德动物园与德默尔非正式反复沟通后的数字。格拉纳达电视公司将负担其中的 10000 英镑，伦敦动物学会则补足其余的部分。

9 月 23 日，伦敦动物学会宣布了一个消息，表示他们已经新添一只动物。[20] 在给媒体的声明中，该学会强调他们并非鼓励收集像大熊猫这样稀有的动物，只是考虑姬姬已经在中国政府的同意下离开中国，学会有义务给它一个环境良好的新家。

此刻的中国正要开始所谓的"大跃进"。1958 年初，毛泽东公布了苏联式的改革方案，计划加速中国重工业与农业的发展，并宣称"人定胜天"。[21] 他说此项计划将在年底前让钢铁产量倍增，并且在十五年内超越英国。毛泽东以军事作战的方式推动六亿中国人投入仓促拟订的工程计划；他动员人民砍伐森林、开辟耕地，并让农民拼命生产。

在《毛泽东的对抗自然之战》（*Mao's War Against Nature*）一书的作者历史学家朱迪丝·夏皮罗（Judith Shapiro）看来，"大跃进"

是“中国历史上范围最广、震荡最激烈的运动之一”。

在中国西部，在熊猫的根据地，森林遭大量砍伐，供作熔炉的燃料并为开拓新耕地提供土地。具有讽刺意味的是，采纳苏联最不科学的科学家的意见，将每片可耕农地推往生产极限的后果，却造成了人类史上最严重的饥荒。其中的罪魁祸首当属苏联的农业专家特罗菲姆·李森科（Trofim Lysenko），他驳斥生物特性通过基因代代相传的看法。相反，他宣称只要简单地给予环境刺激，譬如将种子浸在冷水中，生物体的特性就可以变更。在苏联，他把这种看法有效地推销给了斯大林，使其深信不疑，并且公开指控无数反对他的人，称他们是苏维埃的叛徒，并利用特务，随随便便就让他们从人间消失。

李森科更声言同一种植物的种子在吸收阳光与土壤的养分上不会互相竞争，只要以无比密集的密度播种就可以存活，甚至欣欣向荣，这个主张造成的破坏力更大。这个观念深得毛泽东的赞赏，他让中国农民实行“密集播种”的做法，追求产量一步登天似的增长。李森科的同伙特伦茨·马尔采夫（Terentsy Maltsev）则提出另外一个馊主意，强调“深耕”可以生出更多肥沃的土壤。夏皮罗提道：“有些农民为了让土地更肥沃，以马拉松式的努力徒手挖掘出10英尺深的田畦，徒然浪费力气且毫无意义。”[22] 这种主意的后果不难想象而且惨绝人寰：各种农作物枯的枯，死的死。中国也遭遇同样悲惨的命运。

跟这种无法想象的痛苦比起来，姬姬在伦敦的生活可真是极尽奢华。天热时，有时候访客会看到它躺在冰块上或者享受着高处洒下的细微水雾。它还配有穿着特殊制服的管理员，专职照顾它的每项需求，且在观众面前与它玩乐。莫里斯回忆道：“管理员穿着黑

身为一只年轻的熊猫，姬姬的逗趣模样深深吸引了英国民众。本图中，它正与身着工作服的专属管理员艾伦·肯特（Alan Kent）踢着足球，1959年5月摄于伦敦动物园

色皮衣，有点像是马龙·白兰度（Marlon Brando）在早期电影中的装扮。这些都是为了使这只已经魅力无穷的动物锦上添花。”[23] 而且不到几年它就搬到新居，这是一处专门为它兴建的场地，还配备了一间具有空调的室内兽屋。

说到它的食物，姬姬似乎有点挑食，经常都不吃伦敦动物学会替它准备的竹子。它到动物园不久后，《每日快报》（*Daily Express*）刊出一幅知名漫画家罗纳德·卡尔·贾尔斯（Ronald Carl Giles）所绘的卡通，拿动物园原封不动的竹子来开玩笑。他假想赫鲁晓夫的小熊尼基写了一封信给它的新同志姬姬。尼基写道："我听说你在抱怨，没有你喜欢吃的那种竹子……相信我，同志，等久一点，比那更差的食物你都得将就。”[24] 这是最早拿姬姬来做文章的讽刺作品之一，后来还有非常多类似的作品出现。

有位老先生听说伦敦动物学会正在寻找竹子的来源。[25] 他住在康沃尔郡（Cornwall）孟那比里庄园（Menabilly Estate）所属林地旁的一栋小屋子里，当时正巧与租下孟那比里住宅的小说家达夫妮·迪·莫里耶（Daphne Du Maurier）是邻居。“上校”，当地人都这么尊称他，砍下了他屋旁茂密竹林里的一些竹子，送到了伦敦。姬姬吃了一些他送来的竹子，伦敦动物学会于是请“上校”定期提供竹子。他找来童子军充当助手，一些小童子军马上成了姬姬正式的竹子供应者。

在20世纪50年代就加入波尔凯里斯童子军（Polkerris Scout Troop）的迈克·克里斯（Mike Kerris）回忆道：“这些男孩会在星期天的时候把砍下的竹子丢在我屋子旁。我星期一一大早的第一件事就是把竹子……车顶上的竹子送到车站。”

尽管这些人这么努力，竹子也只占姬姬日常饮食的三分之一。[26]姬姬还小的时候，动物园员工喂它吃的食物包括稀饭或粥、生蛋、鸡肉或牛排、牛奶、水果、番薯、糖，还有小麦胚芽。饭后还有甜点。姬姬一辈子吃了很多巧克力，1966年起它也喝起了茶；根据伦敦动物学会哺乳动物组组长的说法，这个习惯应该是在莫斯科养成的。

这种做法跟现在的情况大相径庭，熊猫营养学已经是一门严肃的科学了。我们在第十一章会知道，如今熊猫的喂食都以竹子为主，其他额外食材尽量少给。让人工饲养熊猫的食物内容与它们野外的伙伴高度相似有许多优点，其中一项是要让熊猫需要经常活动，把一天中大部分的时间都花在啃食竹茎上。事实上，姬姬没办法完全达到格拉纳达电视公司的期望，有部分的原因也是因为它拥有充分的食物可以享用。《动物时间》的制作人回忆道：“我们很快发现姬姬大部分的时间都在睡觉，这当然不会有什么电视效果。我们还得戳一下这个可怜的家伙叫它起床，让它至少有一点活力。天气好的时候，也许是它饿了，它表现得相当不错。但是很多时候它都一直睡觉，不搭理人。”[27] 这是有关大熊猫的一个惨痛而重要的经验。它们睡得太多，尤其在它们吃粥类食物的时候。

不过，正如《动物大检阅》的明星在 20 世纪 50 年代初吸引了几百万人前去参观芝加哥的林肯公园动物园一样，在 20 世纪 50 年代末 60 年代初也有许多民众前往伦敦动物园看姬姬与《动物时间》里其他受欢迎的明星[28]。不用说，姬姬带来了许多欢乐。不过就如我们在下一章将说明的那样，大众媒体对它的关爱对于大熊猫的未来有极为重要且深远的影响，对于逐渐兴起的保护运动来说也是一样。

第六章
家喻户晓的保护大使

在 1961 年复活节假期时，准确地说，就是在愚人节当天，有一位叫马克斯·尼科尔森（Max Nicholson）的人坐在桌子前，手上拿了一支笔。他随手写下这个标题——“如何拯救全世界的野生动物”[1]。在科茨沃尔德郡（Cotswold）山丘起伏的迷人乡间，有一栋老旧的大农舍，时任英国自然保护协会会长的尼科尔森，隔绝了外界繁忙的生活，在这里写下一篇文辞优美的经典之作，希望众人正视人类自然遗产所面临的危险处境。这篇文章在六个月内促成了世界野生动物基金会的成立，它现在已是全球最大的非政府动物保护慈善机构，分布在全球各地的会员超过五百万人。

虽然尼科尔森知道当时世界上已有许多机构致力于动物保护事业，不过，如他所写的：“最急迫的问题在于资源，尤其是资金，少了它，我们就会难以为继。”但是，他相信一直都会有人愿意提供资金，只是欠缺“整合与领导”，他觉得这正是当时所有机构不足的地方。

他所处的位置让他可以通盘检视问题的症结所在。在近乎横跨整个 20 世纪的生命里，尼科尔森是十多个环保倡议与机构的促成者和领导者，其中有多个机构目前还活跃在现代环境保护运动的前线：他在1927年大力促成牛津鸟类调查协会的成立（Oxford Bird Census），该协会提供基金成立了全球知名的爱德华·格雷野外鸟类机构（Edward Grey Institute of Field Ornithology）；1932年成立了英国鸟类信托组织（British Trust for Ornithology）；1948年草拟了世界自然保护联盟（International Union for Conservation of Nature）宪章；1949年推动设立了英国自然保护协会（Nature Conservancy in Britain）；1971年协助成立国际环境与发展协会（International Institute for Environment and Development）；都市生态信托组织（Trust for Urban Ecology）于1976年成立时他是重要推动者；20世纪80年代他担任皇家鸟类保护协会（Royal Society for the Protection of Birds）的主席；同一时期他还是欧洲守望地球协会（Earthwatch）的主席。这些只是他比较出名的成就。论及组织与领导才能，尼科尔森可谓无人能及。

当他从他在科茨沃尔德郡的隐蔽居所展望整个环境保护的形势时，他发现一个亟须弥补的空洞：

> 现有的机构加起来就像一辆偶尔才会有油料供应的车。现在需要的不是一个叠床架屋的机构，再来跟现有的机构竞争资源，而是一个全新的全球合作计划，为这些团体提供足够的资源，让它们有动力继续前进——就像一个油料可以随时补足的油箱。

这真是振聋发聩之语。他回到伦敦之后，邀请了十位领导人齐聚自然保护协会位于贝尔格雷夫广场（Belgrave Square）的办公室，讨论他初步拟好的计划。其中包括以下三位——朱利安·赫胥黎（Julian Huxley）、维克托·斯托兰（Victor Stolan）与盖伊·芒福德（Guy Mountfort）。这几位都是值得大书特书的焦点人物，多亏他们的意见，尼科尔森才会在那年的复活节奋笔写下这篇文章。

身为自称“达尔文的斗牛犬”的托马斯·亨利·赫胥黎（Thomas Henry Huxley）的孙子，以及《美丽新世界》作者奥尔德斯·赫胥黎（Aldous Huxley）的弟弟，朱利安·赫胥黎本可退居幕后，不必走上前线。但他却挺身而出，他是联合国教科文组织的创办人与首位总干事，他还创立了世界自然保护联盟。20 世纪 50 年代，世界自然保护联盟的一些生态学家开始提出报告，指出过度放牧与人为火耕对非洲的自然景观已造成无法挽救的改变。因此 1960 年，正当非洲各国相继准备脱离殖民统治时，世界自然保护联盟也开始制订并执行非洲特别计划（African Special Project），呼吁各界重视非洲野生动物的保护。同时，赫胥黎在向联合国教科文组织报告后，也旋风似的访问了非洲中部与东部的十个国家，亲自查访当时的保护状态。同年，他在 11 月的《观察家》（*The Observer*）杂志上发表了三篇文章[2]，说明非洲正处于十字路口，不知何去何从。他写道：“政治会如影随形地伴随我们，但是野生动物一旦遭到摧毁就永远消失了，而且如果动物数量大幅减少，它们的复原将十分漫长且代价高昂。”

他将非洲丰富的生物多样性所面临的处境据实叙述出来，使许多英国同胞深有同感。其中一位是名为维克托·斯托兰的饭店业者，他看到《观察家》上的文章之后大受感动。然而他觉得赫胥黎的文章除了点出问题所在之外，并没有提出什么解决方案。他在 1960 年 12 月初写信给他说：“唉，虽然您对如何消除非洲野生动物所面临的生存威胁提出了极佳的建议，我觉得如果缺乏积极而果断的行动，筹集大量所需的资金，否则将很难避免无法逆转的生态浩劫。”[3] 斯托兰说得很有道理。他继续写道：“我很高兴成为这个国家的子民，但是我觉得我们国家的人民已经越来越失去动力，只会空谈，而没有实际作为。”他认为有必要的是，找到一位可以“无私奉献且头脑灵活”的人物负责筹集资金，一大笔的资金，而且动作要快。“有劳您帮我介绍一位具有想法与执行力的人士，我可以同他讨论如何迅速筹集几百万英镑的资金，而不用陷入维多利亚时代的那种冗长的程序，把一堆官僚机构通通牵扯进来。”

赫胥黎脑海中马上浮现出一位人物。尼科尔森正是一位这样“无私奉献且头脑灵活”的人，于是他把斯托兰的信转交给他的这位朋友。尼科尔森向斯托兰表示，如果他“对此事兴趣浓厚而且愿意花一点时间来讨论”[4]，可以在新年的时候过来一起研究。斯托兰如期前往拜访，并在 1961 年初将他的想法整理之后，写成一纸“机密摘要”交给尼科尔森。其中，他特别强调两个想法[5]：获得权威人士有力支持的重要性——斯托兰指出坎特伯雷大主教与教皇对于“拯救上帝所造之物”可能会有兴趣——以及取得“新业界大亨”的财务支持。

尼科尔森则谨慎地处理此事，他向赫胥黎表示必须针对“外人可能提出的所有疑问与实际可能遭遇的所有困难，事先筹划最妥当的因应方式”[6]。他也对斯托兰有点担心，认为他“有太多天真的冲劲，太少实际情况的考虑，可能帮助不大”。尼科尔森找寻的是“理念清楚，同时在筹款方面有干劲且具备实际业务经验”的人。

这个人正是盖伊·芒福德，他是一位广告业主管，而且跟尼科尔森一样是个活跃的鸟类爱好者。3 月底在约克郡举办英国鸟类学家联盟（British Ornithologists’ Union）年度大会期间，当这两人共同站在皇家车站酒店的楼梯间时，尼科尔森问芒福德有没有什么办法可以让有钱人掏出大笔赞助金额。尼科尔森说：“他要是给我否定性的答案，我想这个主意可能在当时就不了了之了，不过他给了令人振奋的答案。”[7] 因此当尼科尔森将他的想法在复活节时诉诸文字，写成《如何拯救全世界的野生动物》这篇文章时，他便邀请赫胥黎、斯托兰与芒福德，连同一些具有影响力的人物共商大计，其中包括博物学家兼艺术家彼得·斯科特（Peter Scott）。

尼科尔森在初稿中还附了好几张如军事行动般的时间表与目标方案，其中一项是取得世界自然保护联盟的同意，虽然这个机构因为缺乏资金，可能随时停止运作，不过却可能是新慈善机构募集资金的主要受款机构。因此尼科尔森执笔写出了著名的《莫尔日宣言》（Morges Manifesto）[8]，在4月29日世界自然保护联盟于瑞士莫尔日总部召开董事会时，十六位世界自然保护领头人签署了这份慷慨激昂的文件。文章的结论写道："人类于地球上的尊严与遗产，在短视近利的做法下将荡然无存。"

在世界自然保护联盟的支持下[9]，尼科尔森在1961年春、夏两季召开了九次"筹备小组"会议并担任主席。芒福德也推荐了一位名为伊恩·麦克费尔（Ian MacPhail）的公关专家，他出席了第二次与后来最重要的一些会议，并开始提醒众人机构正式名称的重要性。一开始，每个人都赞成把这个新机构定名为"拯救全世界野生动物"（Save the World's Wildlife）基金会，不过后来大家转向同意较简洁的"世界野生动物基金会"。麦克费尔同时使大家思索标志的问题。每个人都同意"重点在于制作出一个让人印象深刻且跨越语言藩篱的符号，同时尺寸可以轻易缩放"，对此，有人——很可能就是彼得·斯科特——提议采用熊猫。这个动议获得附议，随即立刻通过。如此便一切定案。

在委员会开议的历史上，很少有委员会这么迅速就可以毫不费力地达成如此重要的决定。这么多次的筹备会议，有这么多重要人士的参与，以及对"最为完备的准备方案"的严密思考，可见筹备过程之繁复，但是对于熊猫这个提案，很明显，大家很快就达成了共识。根据尼科尔森的说法，“自商标问世以来，这是最具价值的设计之一，但只花了二十分钟左右便结案” [10]。不过世界野生动物基金会的众多创始人在当时可能没有顾得上考虑熊猫对中国人的重大意义。

“到了20世纪60年代之后，熊猫的形象已经在中国各大城市随处可见，”历史学家埃琳娜·桑斯特如是说，“熊猫形象应用于艺术与工业制品的历史起源于20世纪50年代，而在‘文革’时期，更是大行其道。” [11] 桑斯特以一家原本位于南京的、朝气蓬勃的电子公司为例，对这种现象进行了分析。1956年1月，在世界野生动物基金会标志确定的整整五年之前，毛泽东参观了南京收音机厂，这是一家国营电子公司。在同一年，这家公司改名为熊猫电子公司，采用一只伸手抓着竹子大嚼特嚼的熊猫作为该公司乐观向上的新象征。桑斯特引述了1961年《人民日报》在该公司成立五周年推出新式普及型收音机时，对该公司代表的采访内容。在报道中，这位代表指出：“熊猫是中国最知名的珍稀动物，因此每个人一看到熊猫，就可以马上知道这是中国制造的产品。” [12]

桑斯特列出了20世纪60年代以后，中国开始出现的其他熊猫标志，每个标志都展示了她所谓的“熊猫作为国家象征”的现象：内蒙古乳品商以熊猫为标志销售炼乳与奶油；位于上海的塑料厂制造折叠式塑料熊猫，展现该公司的先进科技；由知名中国艺术家吴作人所绘的熊猫为底图的系列邮票也在1963年问世。

桑斯特认为，“文化大革命”非但没有压抑关于熊猫的艺术创作，还可能将这个符号推向主流 [13]。在中华人民共和国大举破除与封建帝国过往相关的学术或艺术作品的同时，熊猫却毫发无伤。

国画画家吴作人受托为中华人民共和国绘制一系列邮票底图时选定熊猫作为图样。自此之后，熊猫就变成中国的形象大使

熊猫是晚近才被发现的动物，而且在旧式的艺术作品中缺席，这意味着它与旧社会没有任何联系。它是熊猫电子公司的商标，这类企业有中国官方在背后撑腰，传达出一种明确有力的信息：熊猫是正当的，甚至是值得追求的。桑斯特说："到了 20 世纪 60 年代中期，大熊猫几乎等同于现代中国。研究它、画它、大量生产它，都是在歌颂中国的宝贵资产，甚至是中国本身。"

成立世界野生动物基金会的那些绅士却从另一个角度来看待熊猫。他们需要一个可以表达濒危概念的符号，外形讨人喜欢，而且复印之后，即使只有黑白两色，也能让人一眼认出。在距离四川水汽湿重的森林大半个地球远的地方，在富饶的伦敦肯辛顿边缘的时髦饭店的大楼里，他们围着会议厅的豪华大桌子，一一勾选熊猫作为图标。

就在筹备会议逐步召开时，世界野生动物基金会与世界自然保护联盟之间越来越密不可分，于是到了敦请一位世界自然保护联盟的代表前来商议的时候了。结果前来的人竟是该联盟的秘书长杰拉尔德·沃特森（Gerald Watterson）本人，他在 1960 年以前任职于联合国粮食及农业组织，之后才转到世界自然保护联盟发展。沃特森是替新组织绘制首批熊猫标志草图的有功人士[14]，根据世界野生动物基金会内部流传的说法，这些草图是依照伦敦动物园姬姬的样子画出来的。事实也应是如此。7 月中旬，沃特森与彼得·斯科特两人聚在他位于布里斯托尔海峡旁的家里，这两人在斯科特的工作室里足不出户，努力画着熊猫。沃特森很可能在那个周末就拿着自己画的姬姬素描过去，经过斯科特的修整后，完成了基金会的首个标志，然后很可能再由沃特森带着斯科特的创作回到伦敦，并在1961 年 7 月 17 日基金会的第七次筹备会议上拿出来展示。

斯科特并未参与这场会议。他正忙着为该组织吸引一些名誉领袖，他锁定了王室成员而非斯托兰所提出的宗教领袖。他本人熟识许多王室人物，他们大多都爱好自然，比如荷兰的伯恩哈德亲王(Prince Bernhard)，这些王公贵胄有望为基金会引介更多世界领袖，让他们也一起来关注自然保护的议题。早在数十年前，大战还没开始的时候，伯恩哈德就曾前往诺福克郡的灯塔屋拜访过斯科特，他们两人一同用过茶，亲王本人还拍摄了一些鸟类。如今到了 1961 年，斯科特约伯恩哈德在伦敦的克拉里奇饭店见面，请他出马担任世界野生动物基金会首届主席，并领导国际信托董事会。亲王欣然同意。

这样做的要义是希望尽可能使更多的国家建立自己的国家劝募计划，由同样具有名望的人出任主席，并筹建自行运作的理事会。就英国的国家劝募计划而言，最合适的人选就是爱丁堡公爵菲利普亲王。在 1947 年，斯科特曾受 BBC 邀请担任菲利普亲王与伊丽莎白女王婚礼的评论人；之后他也成了白金汉宫的常客，经常前往绘制伊丽莎白与其妹妹玛格丽特公主的画像，而且他也常陪伴公爵一起扬帆遨游。斯科特顺利地说服了他这位颇有影响力的朋友。菲利普同意担任基金会的英国国家劝募计划的主席之后，斯科特甚至还试图动用关系，让女王在该年稍晚举办的英联邦国家议会协会的双年会议上发表演说时，能够提一些保护野生动物的事情。他询问其在剑桥就读时的好友、时任女王私人助理秘书的迈克尔·阿迪恩（Michael Adeane）："可不可以让陛下在演说中提一下野生动物的事情。"[15] 阿迪恩的回复客气而坚定。他告诉斯科特："我已经让女王注意到你的建议，不过我有点怀疑这件事能否轻易地安插在演说之中。"[16] 这件事颇值得一试。

而在这个时候，该组织正式于国际舞台亮相的准备也都已经安排妥当了。地点在坦噶尼喀（Tanganyika，现属坦桑尼亚）北部的城市阿鲁沙（Arusha）。场合则是现代非洲国家自然保护与自然资源研讨会。时间定在 9 月初。这次会议的主要目的之一是要鼓励新独立的非洲国家接受自然保护伦理。如果这些国家不愿合作，西方的自然保护人士担心不管基金会筹集多少资金，都没有办法拯救非洲的野生动物。

许多西方人对这个目标能否达成并不怎么乐观。默文·考因（Mervyn Cowie，当时为肯尼亚皇家国家公园园长）在肯尼亚独立前写了一篇文章，担忧会发生最坏的状况。在一封写给尼科尔森的私人信件里，他说："到目前为止，肯尼亚的非洲领袖对肯尼亚的国家经济或自然资产的保护没有显露出丝毫的兴趣。我不得不断言在非洲政府主政之下，野生动物的保护以及肯尼亚皇家国家公园的延续，只有渺茫的成功机会。"[17]

不过在阿鲁沙举行的会议却大为成功。早在 1960 年底 1961 年初，沃特森就拜访了十五个以上的非洲国家，说服各个领导人对自然保护多尽一些努力，并派出代表参加 9 月在阿鲁沙举办的会议，他的四处奔波为会议的成功奠定了基础。他还写信给朱利叶斯·尼雷尔（Julius Nyerere），正迈向独立的坦噶尼喀政府总理，邀请他担任自然保护代言人，为非洲同胞树立榜样。沃特森随信还附上了

《阿鲁沙宣言》(Arusha Manifesto)[18]，这是由尼科尔森与麦克费尔共同草拟的文章，分成三个段落，文辞优美，情理动人，他希望尼雷尔与其他非洲领袖能够共襄盛举，见证宣言的签署。其部分内容如下：

> 对身处非洲的我们来说，野生动物的存续是我们必须严正关切的议题。这些野生动物以及它们所居住的野外环境不仅是人们惊叹与灵感的来源，同时也是我们整体自然资源不可或缺的部分，是我们未来生计与幸福之所系。
>
> 在此，我们谨签署野生动物的托付管理，并严正宣布我们将尽全力确保子子孙孙都可享受丰富而珍贵的遗产。
>
> 野生动物与野外环境的保护需要专业知识、训练有素的人员与资金，我们也期待其他国家可以与我们一同合作，致力于这个重要任务——其成功或失败不仅影响非洲大陆，也影响世界其他地区。

尼雷尔不为所动，他一点也不在意所有这些小题大做的自然需要。他坦白说："我个人对动物没什么兴趣。我一点也不想把假期花在看鳄鱼上。不过，我完全赞成让它们有生存的空间。我相信除了钻石与剑麻之外，野生动物也可以为坦噶尼喀的国民带来巨额收入。虽然很莫名其妙，但成千上万的美国人与欧洲人就是想来看这些动物。"[19] 但是，当他的常任秘书回信给沃特森的时候，这位坦噶尼喀领导人却变得"非常愿意全力支持你们想极力推动的事业"[20]，他和一些相关部长也同意让其名字出现在所谓的《阿鲁沙宣言》上。就在这份声明发送给全球媒体的时候，世界野生动物基金会也依据瑞士法律成为合法组织，该组织的熊猫图样——国际环境保护的新面孔——在国际舞台上初试啼声。

英国国家劝募计划也随之于 9 月 28 日在伦敦的皇家文艺学会正式展开。随着公关专家麦克费尔负责管理世界野生动物基金会的公共形象事宜，一切都随着剧本演出。基金会的熊猫标志相当显眼，人们将斯科特所画的图放大之后，悬挂在演讲台后方。麦克费尔早已预期这种安排会让人不禁怀疑“为何在有关非洲野生动物的会议上放一只熊猫”？他指出，这会是一个大好机会，可以让会议主持人“自然而然地将问题延伸到全球性议题的层面”。[21]

与此同时，为了取得最大成效，基金会的创办者也展开了一场大型的公关活动。《每日镜报》（*Daily Mirror*）是当时英国最受欢迎的报纸，每日发行量达 460 万份，读者约有 1300 万人，它正开创一个名为《劲爆话题》（*Shock Issues*）的新专栏，主要报道棘手难解的社会弊病。当时的总编辑休·卡德利普（Hugh Cudlipp）想出一个主意，形容这是一个“挖掘残酷真相的大众教育”专栏。1960 年他的首期《劲爆话题》凸显出英国运送到法国与比利时的代宰马匹，在死前所受的折磨。赫胥黎在 1961 年夏天与他接触，说服他用同样的篇幅来报道全球野生动物面临的危机，时机点正是阿鲁沙会议举办期间。对卡德利普这个动物爱好者来说，基金会将提供给他的发人深省的事实，正是绝佳的题材。

10 月 9 日专栏的标题写着：“人类的愚蠢、贪婪与冷漠，将造成无数生物从地球上消失”[22]。主相片是一只母犀牛与它的宝宝，若不采取紧急行动，这种动物将与“渡渡鸟一样，必死无疑”。主文接着列出了加拉帕戈斯象龟、亚洲双峰骆驼、印度象与美洲鹤，点出这个问题的全球性本质。斯科特胖嘟嘟的熊猫标志出现在头版的右下角，占据了显著的位置。《每日镜报》的读者借此知道：

“它们唯一的希望，只有这只可爱大熊猫所代表的世界野生动物基金会！”

其他文章也在该日的报纸，包括跨页版面中出现，说明旱灾如何夺走非洲各地野生动物的生命，并建议“兴建水坝与池塘……减轻这些动物所受的可怕苦难”。末页通常都是运动新闻，但是当天也放上了一张姬姬吃着竹子的相片。相片下面是挖空后的斯科特的熊猫标志，底下列出了两位亲王的名字以及捐款地址。

读者反响热烈，在接下来的四天之内涌进了两万封左右的信件与捐款。在10月13日的追踪报道里，《每日镜报》指出仅两袋邮件里就含有价值4000英镑的邮票、邮政汇票与支票[23]。在当天的报纸中，斯科特的熊猫再次出现，它紧盯着墙上的一幅海报，其中的相片显示两位女员工在疯狂地拆信封。此次的筹款计划总计为基金会筹得3.5万英镑的善款——相当于今日的50万英镑。依据尼科尔森的说法，这“证明我们的分析无误，将世界野生动物的危急状态传播出去确实有其价值，也让我们可以将这笔钱好好运用在刀刃上”[24]。

不过其他国家却没有紧紧跟随英国的脚步，这让尼科尔森相当失望。1961年底，难掩落寞的尼科尔森写信给世界自然保护联盟主席暨世界野生动物基金会临时主席让·贝尔（Jean Baer）表示：“我觉得越来越难向您解释，为何我们迟迟等不到其他国家加入这场活动的好消息传来。”[25] 瑞士、荷兰、美国与德国分别在几年内成立了各自的国家劝募计划，但总体而言，基金会的运动迟迟无法扩及全世界。譬如，世界野生动物基金会于1967年才在加拿大设立它的办公室，其办公室1973年设立于法国，1986年设立于肯尼亚（代表东非与南非），1995年设立于俄罗斯。香港办公室出现于1981年，北京的办公室则出现于十年之后。在尼科尔森看来，直至 1968 年这个机构才算正常运作。

全球各地的缓慢脚步促使斯科特与麦克费尔在 1965 年首次出版的世界野生动物基金会报告中，表示将推行“建立国家劝募计划的蓝图”[26]。这个蓝图指向四个资金来源：一般民众的小额捐款，“通常都基于情感层面”；有钱人的大额捐款，“社会层面可能是重要因素”；来自商业界与工业界的捐款；通过慈善机构或商品销售募集的资金。他们认为：“如果可保证其中两个资金来源，就值得启动一项捐款活动。”他们也列出了扩大宣传效果的一些点子。为了让人看到熊猫就直接联想到要捐钱，很多点子以这个动物受欢迎的程度为中心，譬如设立世界动物基金会分部时，也许可以考虑将斯科特的熊猫戳章盖在每封邮件上，制作熊猫陶器、玩偶或烟灰缸，销售熊猫图样的火柴盒，发送可贴在后车窗的贴纸或小孩会喜欢的徽章。

其他的保护机构也做过同样的事，并且都采用动物明星作为公关代言；但是它们通常都是采用当地物种进行代言的全国性慈善机构，譬如美国的野生动物保卫组织（Defenders of Wildlife）选用狼，英国的皇家鸟类保护协会选择反嘴鹬，马来西亚自然协会（Malaysian Nature Society）选择亚洲貘。在其他少数几家真正具有全球影响力的保护机构之中，国际野生动植物保护协会（Flora and Fauna International）采用阿拉伯羚羊，而国际保护组织（Conservation International）则是一片热带雨林。这些当地或国际性的组织的标志，都没有办法如同大熊猫一样，立即传达出保护观念或者在品牌产品方面迅速推陈出新。

除了善用这个商标外，斯科特与麦克费尔也提供了很多不以熊猫为焦点的筹款点子——海报、月历、圣诞卡、艺术展览、音乐会、影展、拍卖会、化装舞会、午餐会、晚宴、大型宴会等。其中，有很多点子取自其他老字号的慈善机构，不过说到把这些点子发扬光大，用在环境保护事业中，这可是第一次。他们取得了空前成功。譬如，英国世界动物基金会在第一年就寄出了将近十万张圣诞卡。现今仍存在的大部分环保慈善机构，也或多或少都利用了这些募集资金的方法。

在首份报告中，世界野生动物基金会也规划了三个主要的业务方向。在短期内，基金会将持续支持救援行动，以“拯救已到生死关头的最濒危物种”。除了这些物种之外，该会也认为保护栖息地具有“同等的急迫性”且呼吁成立国家公园。然而长期而言，最重要的事莫过于大众的教育：

> 我们的任务虽然看来不太可能完成，但我们仍要致力于改变芸芸众生对自然界的态度，而且我们最多只有一个世代的时间。我们确信这是可以达成的。

直到 1979 年以后，世界野生动物基金会才开始注意到中国与熊猫。

在 1961 年的成立大会上，基金会已经大略整理出大熊猫所面临的威胁。该组织的文献指出，选择这个动物作为标志有其合理性，因为“熊猫的生存取决于保护工作是否用心，这也是所有野生动物应该获得的待遇”[27]。当然，这与实际情况南辕北辙。中国政府极力想驯服并控制自然，而首个熊猫保护区几年之后才会成立，熊猫保护的概念还有待提倡。

这个任务落到了南希·纳什（Nancy Nash）这位对动物与自然充满热情的记者身上，她指出熊猫不只是商标，它还是活生生的物种。1962 年还被派驻在德国时，纳什就成为世界野生动物基金会这个新成立的慈善保护机构十分活跃的新会员，而在1979年年中时，她成为基金会位于莫尔日总部的公关顾问。有一天她问道："你们既然以熊猫为标志，为何不跟中国洽谈熊猫研究的事情呢？"[28]这真是个大哉问。很奇怪，基金会在经过了几乎二十年的运作，却从未为该会象征动物的保护尽过任何一分心力。如果真要找什么借口，原因大致如下：它在20世纪60年代的要务是凝聚各界力量，成为国际性的组织，并详细列出资金用途；这一时期该会的主要重心是非洲，因为对于这里的野生动物已有相当充分的研究，而且对于它们所面临的威胁人们也有相当程度的了解，资金的使用也可以比较透明；最后，"文化大革命"的阻隔让基金会没有人知道该接触中国的哪些人士，以及如何进行接触。

没有人？当然这是指纳什以外的其他人。1967年时，她担任香港希尔顿饭店的公关经理，在这里她因为业务上的活动安排，遇到了许多具有影响力的人士并与他们成为好友，包括《香港夜报》的创办人与社长胡棣周先生，他与北京方面的关系良好。但纳什对于动物与自然的无限热情才是关键。她告诉世界野生动物基金会的领导人："我有办法让我们进入中国。"[29]不过，纳什说，她的大胆提议没有获得采纳。基金会之前已与中国接洽过，但是毫无进展。以纳什这样的地位，会让形势大有不同吗？

然而，彼得·斯科特与世界动物基金会的首席科学顾问李·塔尔博特（Lee Talbot）鼓励她自己去试试看。即使正式渠道行不通，私人关系与慷慨的热情可能会奏效。纳什以个人名义写了一份六页的建议书，把自己的想法融入中国与基金会的合作计划中。她带着这份文件去找胡棣周，他有办法直接把这份文件摆在中国政府相关人士的桌上。

此时的时机相当巧妙。1975年第四届全国人民代表大会上，中国总理周恩来拖着病重的身体，讲述了四个现代化的目标，分别包括农业、工业、国防与科技方面的革新，这个愿景的目的是要让中国在21世纪转型成全球经济的主导力量。但是此后的政局变化，让这些想法开始成形还要等到好几年后。不过在1978年，继任周恩来位置的邓小平全力提倡“科学技术是第一生产力”[30]，中国的科学由此开始复兴，科学家也逐渐得到平反。为了实现现代化的目标，中国对世界采取了较为开放的态度。

纳什的提议顺应了这种新氛围。经过几天的讨论，她成功地让中国考虑加入世界自然保护联盟，成为会员国，并签署了《濒危野生动植物物种国际贸易公约》。中国国务院环境保护局局长曲格平向世界野生动物基金会发出了正式的会谈邀请函，这也得归功于她。彼得·斯科特与其他基金会官员于1979年9月飞抵中国，这是“文革”之后，中国政府首次与国际环境保护机构进行会谈。四天的会议结束之后，经由纳什的居中穿线，中华人民共和国与世界野生动物基金会正式建立伙伴关系，而且除了使中国加入世界自然保护联盟并签署《濒危野生动植物物种国际贸易公约》之外，双方还承诺共同进行熊猫研究计划。不管是当时或是现在，这都是个具有历史意义的协议。

不过就在协议签订后不久，世界野生动物基金会就因为举措失当，差点让双方的关系告吹。世界野生动物基金会在莫尔日的宣传部门向全世界发布消息，表示双方已签订协议。9月24日，《纽约时报》的标题写着：“中国与野生动物团体协议抢救濒危动物”[31]，但是世界野生动物基金会的中国新伙伴与中国的新闻通讯社新华社却没有随之公开这个消息。纳什说：“真是不智之举，中国方面一直责怪我，后来才发现我跟这件事一点关系也没有。”[32] 然后她又得肩负起修复裂痕的责任，让计划回归正轨。

在接下来的一个月内又陆续发生了更多类似的事件。双方争执的其中一个焦点是熊猫的归属问题。纳什说："有时候，基金会的官员在谈到熊猫时，说得好像熊猫是他们的财产，明显没有意识到这个动物现在已经是中国的国宝。"还有一次，在与曲格平局长进行重要会谈时，基金会的总干事查尔斯·德黑斯（Charles de Haes）展示了该机构通过发行熊猫邮票来募集资金的想法。这是个好主意，不过操作上却出了差错，展示的样品是中国台湾地区而非中国大陆所发行的邮票。

中国共产党不久前才声明，台湾是"阻碍中美关系正常化的关键"[33]，"让台湾重回祖国怀抱"完全是"内政问题"。对当时处于会议现场的中国官员而言，台湾邮票显得特别不恰当，无疑证明了外国势力企图再次干涉中国内政。曲格平一手抓起邮票，丢在桌子上，然后面露嫌恶地大步离开会场。他的秘书却没有走，经过了好一阵子，才慢慢地用清楚的英语说出"上面的文字写着台湾"[34]。直至当时，纳什从未看过有人拿出如此愚蠢的东西，她简直吓坏了。她说："这真是笨得要死。如果他们事先让我看一下，我就可以跟他们说不要这样做。"

更糟的是，世界野生动物基金会的代表发现他们要交涉的对象不是一家单位，而是三家单位——国家林业部（1998年更名为国家林业局）、中国科学院与环境保护局。基金会邀请四位环境保护局的官员（却少了其他两家单位）参观了1980年6月在荷兰举行的庆祝活动，之后不久才发现这三家单位的关系略显复杂。这件事惹恼了很多人。

另外一个主要的症结是相关研究中心的设立。这本是斯科特与其他人在1979年9月所签订的历史性的文件中允诺的事项，不过世界野生动物基金会不久就发现中国方面所希望的计划规模比他们

1979年，中国环境保护局邀请世界野生动物基金会共同举行会谈，讨论野生熊猫研究计划。在拜访北京动物园时，基金会代表将印有该会标志的旗帜悬挂在熊猫围栏上

预想的还大：他们想要更具体的东西，明白地说，就是一个体面的园区，可以让前来研究他们国宝的外国人好好看看。

1980年4月30日，纳什前往香港机场迎接著名的动物学家、时任纽约动物协会（现已更名为野生动物保护协会）保护组组长的乔治·沙勒。沙勒完成了许多划时代的动物研究，对象包括猩猩、老虎、狮子与野羊。对世界野生动物基金会而言，沙勒是研究熊猫的最佳合作对象。事实上，沙勒本人几年前就已经跟中国方面接触过，希望能进行熊猫研究，但是没有成功。沙勒说："当时正处'文化大革命'的高潮时期，他们笑着说时机还未到。"[35] 因此当基金会在1980年初与他联系的时候，他马上物色人选接替他在巴西的美洲豹计划，然后带着纽约动物协会的祝福与财务支持前往中国。

在接下来的一周内，纳什与沙勒在北京举办了多次会议，第一场是在纳什的饭店房间内，参加的人包括上述三个中国机关的代表。他们随后飞往成都，在此迎接他们的有彼得·斯科特和他的妻子菲丽帕（Philippa），以及接待他们的中国官员，包括四川省副省长。此外，站在人群中最旁边的是中国的顶尖熊猫专家胡锦矗（我们在第二章曾短暂介绍过），他是一个矮小而沉默的人，腼腆的笑容中藏着不安的心情。沙勒说："他平静的计划突然被我这个外人干扰，还得奉命跟我合作。"[36]

他们伴随着这群西方人来到"卧龙自然保护区"，这个保护区在1975年被划定为国家公园，占地约达2000平方公里，西起青藏高原层峦叠嶂的邛崃山脉，东至四川盆地。他们的接待者告诉他们："很多外国人都来过中国这个地方，不过他们都是不请自来，然而你们是受邀前来的贵宾。"[37] 隔天，他们前往山区健行，在三小时的路途中，看见了一簇簇的竹林，还有夹杂其间的铁杉、松树与桦树。沙勒在他《最后的熊猫》一书中写道："我们排成一列纵队行走，步伐入土无声，众人阒寂，宛若置身仙境。"

突然，胡锦矗指向小径前方的一堆东西，在沙勒捧起两堆熊猫排泄物的时候，纳什与斯科特也围过来观看。沙勒在描写这段经历时说："与我们同行的二十一位中国人很有耐心地等着，看到我们发现熊猫排泄物之后欣喜的样子，不免觉得好笑。这是世界野生动物基金会与中国团队首次在野外观察到熊猫形迹，也是双方长期合作关系的开端，双方共同对这个稀有珍贵的物种许下承诺，让它在野外的家园有个美好的未来。"[38]

保护区的总部原本是几千名伐木工人的住所，众人回到这里之后，来自林业部的王梦虎开始详细描述中国所设想的熊猫研究中心。他告诉基金会的代表，这个设施[39] 内部将包括20间面积约800平方米的实验室，以及占地更广、可容纳30位科学家与技术人员的生活空间，另外还有一个用2500根柱子与5公里长的围墙围起来的户外熊猫圈养地，以及一个250千瓦的水力发电厂。预计的兴建成本呢？200 万美元。沙勒说：“我们都目瞪口呆。”[40] 随后中国方面还在单子上增加了一大批高科技产品。对基金会来说，最重要的课题是尽快展开野生熊猫的研究。对于这些动物，外界所知仍然极其有限，何必那么急切地要求如此大量的实验设施呢？

尽管斯科特、沙勒与纳什费尽工夫想说服他们的中国伙伴，他们却都拒绝退让。如同沙勒在《最后的熊猫》中所讲的，王梦虎的信息很清楚：没有研究中心，熊猫计划就免谈。基金会必须出资一半，或者完全吸收这 200 万美元。王梦虎的要求可不是没有根据的。其他机构也很积极地想对中国的熊猫展开野外研究。世界野生动物基金会很担忧会失去机会，无法成为第一个研究他们基金会标志的外国组织。这可不行。

从双方的许多误解和期待上的落差看来，中国与世界野生动物基金会的熊猫研究计划能顺利开展真是很了不起。无疑，斯科特、沙勒与其他人起了很大的作用，但要是没有纳什，1979 年与 1980 年将不会产生任何成果，她也因此有了“熊猫小姐”这个名号。她不仅成功地让彼得·斯科特及其他世界野生动物基金会的领导人获得邀请，让事情的成功有了开端，在合作过程中遇到许多困难时，她也是出面加以克服的人。沙勒说：“要是没有她，这个计划绝对不会产生。”[41] 凭借着她对东方与西方的了解与经验，纳什让这两种截然不同的文化交会在一起。如我们在第十章将看到的那样，来自西方的沙勒与东方的胡锦矗一起合作，在这两人的共同领导下，这场突破性的研究得以在 1980 年末展开。对基金会来说，卧龙研究中心 100 万美元的投资金额是值得付出的代价，因为他们因此拥有了进入秘密世界的特权，可以一探激发了其会标设计灵感的动物。

1981 年，世界野生动物基金会成立二十周年之际，中国与该会共同的熊猫研究计划已经成果斐然，这使得该基金会可以将其列为重大计划，以四处宣扬并募集资金。纳什在同一年里，也设立了基金会的香港办公室，不过在五年之后就离开了该组织。她为何离开呢？1986年，该会决定重整形象。该基金会将名称由世界野生动物基金会变更为“世界自然基金会”（World Wildlife Fund for Nature），不过美国与加拿大分会则未跟着更名。同一时期，彼得·斯科特的熊猫也遭到改头换面。不同国家的分会开始调整熊猫标志，特别是美国分会，众人都希望新的熊猫标志可以让各国的组织团结在统一的全球性象征之下。经过风格上的转变，新熊猫标志已经没有了轻盈的步伐、毛茸茸的外表以及有神采的目光。

当时已经70多岁的斯科特对这些看来十分草率的改变感到伤心。在数十年前，很可能就是因为他的主意才选择熊猫作为标志。1961年7月，也是他在瘦桥（Slimbridge）的工作室内，创造出以姬姬为灵感的标志。他的熊猫引领世界野生动物基金会一路走来，而且是象征全球环保运动的熟悉面孔。纳什也不高兴：“彼得爵士的熊猫像只真熊猫，他们却把它换成这个看来像是狗的东西。”[42]对她而言，这个新标志也同时显露出这个组织内部正在酝酿的其他改变，斯科特很可能也觉得如此。

纳什说：“世界野生动物基金会以往将商业与热情结合在一起，现在却慢慢变得完全以商业为导向。这可不是从事野生动物保护的正确做法。”

的确，世界野生动物基金会不再是当初纳什参加时的小型组织了。[43]经过短短二十年的运作，这个基金会已经募集且可支配将近5500万美元的金额，用以支持2800个全球各地的保护与教育计划。如同我们所看到的，这个过程并非一直都很顺利，不过五十年后的今日，该会依然是全世界最大的慈善保护机构，拥有将近500万名散布世界各地的会员。在它最大的分支国家美国[44]，该会雇用的员工数超过400人，而改头换面后的斯科特的大熊猫标志，每年在美国与其他国家，可以为保护计划募集大约1800万美元。虽然其他国家分支的规模较小，但是全球的情况大致都相同，它现在在40个国家设有90个以上的办公室。

世界野生动物基金会过去三十年在中国的运作对熊猫的发展也具有重大的影响。沙勒说："它的贡献非常大，因为他们守在那里，现在也还留在那里。"[45]今日，几个世代的优秀学者追寻着沙勒与其同事三十年前进入熊猫世界的脚步，中国及其人民已经接手管理大部分的熊猫研究工作。沙勒说："世界野生动物基金会有点像是促成这一切的推手。"

不管世界野生动物基金会未来会遭遇什么挑战，只要野外还有熊猫在（而且应该会存在很久），大熊猫看起来都会是保护运动的代言人。这一切的合作都得自姬姬所激发的灵感。但她留下来的事迹不只如此。

第七章

空留遗憾的政治婚姻

1960年秋，姬姬突然产生情绪变化，同样的情况次年春天再次发生。伦敦动物园的兽医奥利弗·格雷厄姆－约内斯（Oliver Graham-Jones）在他1970年出版的《抓住老虎再说》（*First Catch Your Tiger*）一书中说："在每年的特定期间我们观察到它会变得爱漂亮、性情多变，并且还出现'发情'的征兆。看得出来它对其管理员深深着迷，有时候还显得像是要让自己获得他的青睐！"[1]每个人都觉得，是该替它找个伴的时候了。

候选的对象有很多。那时候的北京动物园有好几只熊猫，园方也忙着要让它们繁殖，而莫斯科动物园也有两只熊猫。如第五章所述，1957年时中华人民共和国送了一只熊猫平平给苏联，误以为它是母的。1959年又另外送了一只名为安安的公熊猫。我们大可以想象莫斯科动物园的管理员在高兴地拥有一对珍奇动物之余，应该会千方百计地想让这两只熊猫交配。而我们也只能想象平平与安安事实上并不怎么般配，因为当平平在1961年死后才被发现原来"她"实际上是个"他"。1957年平平到了苏联以后，北京动物园以为送走了园内唯一的公熊猫，后来又补上安安，造成莫斯科动物园的两只熊猫都是公的。如同20世纪30年代苏琳被误认性别一样，熊猫的雌雄不好分辨。

伦敦动物园名誉理事索利·朱克曼无视与中国或苏联交涉的政治含义，在1962年初寄了多封信件给北京动物园与莫斯科动物园的园长，同时接触这两个国家。北京动物园园长很快便回信，客气地说了“不”。莫斯科也不怎么愿意帮忙，不过朱克曼在来莫斯科试着说服苏联与美国同意禁止核试验时，还以个人身份持续探询了这件事。因为除了在伦敦动物学会担任重要职位外，他同时也是英国国防部的首席科学顾问（次年成为英国政府的第一位首席科学顾问）。在三个星期的停留时间里，朱克曼匆忙地参加了多场会议，包括与苏联总理赫鲁晓夫之间的会面，不过他还是挤出一些时间，与莫斯科动物园园长伊沃尔·索斯诺夫斯基（Ivor Sosnovsky）商讨熊猫的事情。但是，他还是无法得到肯定的答复。

值得注意的是，那时候动物园还没有展开大规模的人工繁殖计划。如同上文所述，19世纪末，现代保护观念就已经渐渐成形。华盛顿特区的国家动物园设立于1889年，明确揭示其目标为“针对目前面临绝种威胁的各种美国四足动物，给予其舒适、宽敞的饲养空间，进行保护与繁殖”[2]。这件事在国家动物园的设立者口中好像很简单，但实际上并不容易达成，即使到了20世纪60年代，也没有几家动物园对保护事业有过任何伟大的贡献。不过事情已经慢慢改变。1960年，伦敦动物学会开始制作《国际动物园年鉴》（*International Zoo Yearbook*），这个出版物的宗旨是“为动物园界提供一个交换国际信息的权威渠道”[3]。借助这份年鉴，各个动物机构的现状、物种种类与性别等信息的流通变得容易多了。其实不用多说，有心从事人工繁殖的专家，也因此获得许多新的机会。

拯救阿拉伯羚羊的努力，就是一个早期的例子，说明这种正在兴起的合作趋势越来越普遍。1960年，李·塔尔博特——之前我们已介绍过他在多年后担任了世界野生动物基金会首席科学顾问——为动物保护学会（Fauna Preservation Society，现已更名为国际野生动植物保护协会）发表了一份报告，说明这种漂亮的直角羚羊所面临的困难处境。根据塔尔博特的说法，野外的阿拉伯羚羊看起来极可能在数年内消失，而这种动物唯一的未来就只有人工繁殖，经过多年的繁衍生息，或许有机会把它们重新放归野外。1963年，动物保护学会发起了"阿拉伯羚羊行动"，很巧，这正是新成立的世界野生动物基金会提供资助的首批大型计划之一。结果，有几只羚羊，一些来自野外，一些得自其他机构，群集在美国亚利桑那州的凤凰城动物园，组成了一个"野生世界"。今日，野外的阿拉伯羚羊数量已经超过一千只，而饲养的数量则多出好几倍，其中许多都是20世纪60年代这一种群的后代。

然而，即使有"阿拉伯羚羊行动"这类先例，要让不同动物园的两只动物建立起亲密关系，仍然是十分大胆的尝试（更不用说是来自同一大陆两端，但政治与文化背景却有严重隔阂的不同动物园所拥有的动物）。

然后在1963年末，北京动物园宣布了全球首例人工饲养熊猫的成功繁殖案例。1963年9月9日的清晨，曾与姬姬在1958年初在一起住过几个月的莉莉产下一只幼崽，体重仅有125克。经过后来的研究，这个体重其实比新生熊猫的平均体重100克，也就是母亲体重的千分之一，还高出许多。熊猫在第二十三周就将胎儿产下，这相当于人类孕期的一半。一般人都认为这是为了适应以竹子为主食的习性所发展出来的特殊策略，因为母兽无法囤积足够的脂肪，度过较长的怀孕期。不过即使到了现在，熊猫这种奇异的繁殖特征仍然有许多待解的谜团。中国管理员对熊猫宝宝明明前几个月的生活，有以下描述：

> 它的母亲不分昼夜随时都把它抱在膝上或臂窝里，从未把它放下来，不管是睡觉还是进食都一样。经过第一个月后，莉莉不再那么紧张，也允许管理员照顾明明。在宝宝两个月大时，莉莉还会跟它玩游戏，把它从一只手抛到另一只手上。明明不耐烦时，莉莉还会用脚掌安抚它，好像人类母亲在安慰小孩一样。三个月大时，明明就开始学走路了。[4]

这个动人的叙述可能让朱克曼与他伦敦动物园同事的决心更为坚定，他们想为姬姬找一个伴侣。然而，由于之前对于熊猫的性别曾经产生过许多错误判断，比较明智的做法，或许是先确定一下姬姬确实是母的。1964 年 4 月，在姬姬不小心被竹枝刮伤眼睛，需要动一个小手术时，人们终于有了一个检查性别的机会。在动物园的手术室里，在一大群人的注目下，动物园兽医奥利弗·格雷厄姆 - 约内斯成了第一位对大熊猫施用麻醉药的人。不久后他回忆道："我平常的压力已经非常之大了，但是成为第一个对大熊猫使用麻醉药的人，它可能因此致死，这种压力更是排山倒海。"[5]

德斯蒙德·莫里斯，当时已是该动物园哺乳动物组组长，也在场观看，姬姬在笼内眯着眼睛望着格雷厄姆 - 约内斯，"好像不让他计算出正确的剂量"[6]。深吸一口气之后，格雷厄姆 - 约内斯和同事将它移到手术台前，先为它注射了两种迷幻药，其中一种是俗名"天使尘"（PCP）的药物。接着他们替姬姬戴上氧气面罩，盖住它的口鼻之后，才开始将全身麻醉剂注入它的肺部。

格雷厄姆-约内斯治疗完它眼睛的伤口之后，才将注意力转到姬姬的生殖部位，以便分辨它的性别。现场也安排一位摄影师，照了一些照片，目的是要取信于伦敦动物园的苏联交涉对象，这些黑白照片很快就送到了莫斯科。9月中旬，继这些照片之后，朱克曼又拍发了一则电报，他写道："本学会愿于此清楚表明，本会业已准备妥当，可随时与莫斯科动物园咨商两只熊猫的配对事宜。无论将姬姬运往莫斯科或安排莫斯科熊猫前来摄政公园，本会皆可配合。"[7]

媒体逼着索斯诺夫斯基与其同僚尽速做出响应，结果却生出一堆彼此矛盾的报道。有些报道说莫斯科方面乐于配合。有些报道则称安安身上带有病毒，恐会危害姬姬，因此计划作罢。莫里斯说："这些动物不只是动物而已，它们象征了东方与西方的结合。如果这两只动物不和，就会产生负面的象征意义。"[8] 但是这件事似乎又被搁置在一旁。

然而出乎意料的是，1966年1月，苏联文化部突然邀请动物学会共同商讨更详细的相关行动计划。虽然这一举动有其政治意味，朱克曼还是积极征求了高层的同意。一位国防部的资深顾问写道："我并不确定这个提议是否符合我们的和解政策，但是友好关系有助于我们的国家利益，因此我建议应该祝福双方的结合。"[9] 外交和联邦事务部的某位官员也表示同意，但是由于英国首相哈罗德·威尔逊（Harold Wilson）预定于7月出访苏联商讨越战事宜，所以他有着其他的顾虑。"我们得赶快在首相到莫斯科前，阻止此事变成新闻标题，不然民众会把这两件事混在一起，又让电视喜剧与讽刺节目把这件事搞得前功尽弃。"

当然，最后的结果就是如此。姬姬可能飞往莫斯科的消息才刚走漏，时事漫画家就已经磨笔霍霍。1月27日，《每日镜报》刊登了一幅漫画，把苏联总理阿列克谢·柯西金（Alexei Kosygin）画成安安的模样，正在树上攀爬，热烈追求威尔逊所扮演的姬姬。动物园为此还写信给外交部："我希望首相办公室不要因为这件事太过生气。"这一熊猫计划在还没开始前，就面临可能演变成一场闹剧的危机。某位通讯记者在写给一家英国报社的信中说："我一直怀疑外交部的人老是在大搞这种奇爱博士（Dr. Strangelove）般的蠢事，最近外交官与政府官员又不顾及权力威严而争辩大熊猫的性癖好，实在让人气恼。"[10]

园方也开始感受到政治压力。德斯蒙德·莫里斯于2月4日飞往莫斯科与索斯诺夫斯基洽谈并且探望雄熊猫安安时，还得先到外交部与伦敦的苏联大使馆报告相关细节。很明显，人们原本纯粹为动物本身的利益考虑，要成就一桩科学美事，现在事情却已变得面目全非。

虽然大部分的西方强国，包括英国，已经开始与苏联展开新一轮的商业与外交合作，但"冷战"时期的猜忌心仍然很强烈。莫里斯说："苏联人相信整个熊猫事件中必有更深一层的阴谋。"[11] 他们的确有理由这样认为。当然他们都很清楚莫里斯的同事朱克曼与英国国防部的关联。对于苏联的情报官员来说，更让他们提高戒心的是莫里斯曾经与一位名叫马克斯韦尔·奈特（Maxwell Knight）的人共事过。莫里斯回忆道："我把马克斯韦尔当作叔父辈的好友，他喜爱动物，也写过好几本宠物饲养的书籍。"[12] 他不知道的是，奈特虽然真的是自然爱好者，但这也是他的身份掩护。他其实是军情五处的间谍首脑，负责协调人手，渗透进入英国的共产党与其他可能藏有苏联间谍的组织。多年以来，军情五处许多身份曝光的人激发了伊恩·弗莱明（Ian Fleming）的灵感，变成了写作詹姆斯·邦德（James Bond）系列小说里情报头目"M夫人"的题材，马克斯韦尔·奈特便是其中之一。

因此当莫里斯抵达莫斯科的时候，他受到了特别的照顾。他说："他们以为我是马克斯韦尔的手下。他们在我房里装窃听器，还拆开我的电动刮胡刀……要查出麦克风藏在哪里。我去哪里都有人跟踪。"[13] 莫里斯提到，在红场东边的一家国有百货公司里，有一位苏联特务接近他，想把秘密工厂的计划透露给他，看他会不会上当。虽然如此，莫里斯与索斯诺夫斯基还是努力克服了这些障碍，双方同意让姬姬在当年春天前往莫斯科。

伦敦方面也已做好准备，尽力让姬姬不在旅程中感到紧张。为了预防各种麻烦而陪着姬姬一同前往的格雷厄姆－约内斯写道："不过当这只动物成为全球媒体瞩目的焦点，各大媒体，从《克利夫兰自由贸易报》到《消息报》和《印度时报》，都会翔实地报道它的一举一动，伴随这位明星的旅程无疑会遭遇许多意想不到的困难。"[14] 他很关心姬姬在几个小时的航程中，从舒适的温带区域来到完全陌生且冰天雪地下的环境，会因为高度与气压的变化[15]而产生不适。为了尽可能地让它在旅途中保持平静，它最喜爱的管理员萨姆·莫顿（Sam Morton）也陪着它一起坐飞机。

动物园员工为此还设计、打造出一个具有顶级工艺水平的箱子，用来运输这只非常重要的熊猫（Very Important Panda，也可简称为 VIP）。格雷厄姆－约内斯写道："这是一个具有活动兽巢功能的箱子，是截至目前为了动物运输的安全性与舒适性，所制作的最为先进的笼子。"[16] 但是这个笼子的体积——6 英尺长、3 英尺宽——却太过庞大，使得英国欧洲航空公司（British European Airways）必须把他们先锋型飞机上的三十二个座椅拆除，才能装得下。在 3 月 11 日的第一道曙光升起前，三辆车组成的车队由摄政公园驶向希思罗机场，格雷厄姆－约内斯很惊讶地发现群众已经聚集在那里，准备祝福他们一路顺风，“现场弥漫着一股嘉年华的气氛，好像在嘲笑我们一本正经的样子”[17]。记者与摄影记者急着想拍摄装在笼子里的熊猫，这倒在他的意料之内。

正是由于这种媒体的关注，或者是为了不让新闻过热，莫斯科的欢迎场面变得十分唐突。姬姬很快就被载走，与它搭同一班飞机前来的西方摄影记者措手不及，停机坪上只留下了派不上用场的闪光灯泡。格雷厄姆－约内斯回忆道：“先锋号刚关掉引擎停妥，马上就被一群官员包围，大部分都是身穿棕色制服的航警。”[18] 好几个人把姬姬的兽笼解开，拖下客梯，抬到叉车上，然后就开走了。他写道：“惊讶两字都还不足以形容我们亲眼所见的事。”姬姬被送上一辆老旧的单层巴士，然后开往动物园。当忧心忡忡的格雷厄姆－约内斯终于赶上它时，他看到动物园的工作人员正徒手把兽笼从巴士上抬下来。“那时天色已暗，笼子放到地上时，被关在里面的可怜家伙发出焦躁与愤怒的吼叫！”[19]

姬姬一直没办法镇定下来[20]，在格雷厄姆－约内斯看来，压力似乎已经影响了它的激素，让它的发情期提早到来，迅速结束。最近的研究显示，他的看法很可能没错。注射激素刺激肾上腺分泌并释放压力激素似乎会改变两种女性生殖激素的正常浓度：雌激素会急降，黄体酮则陡升，这种变化很可能导致发情期的缩短。

20 世纪 60 年代是女性生殖激素控制技术的分水岭。美国食品药物管理局在 1960 年核准了首例口服避孕药丸，而专为增强生育力、造福求子若渴的男女的首批药物，也正进入临床试验阶段。1966 年 3 月，就在姬姬与安安首次相遇之前，出现了一则有趣的熊猫漫画，内容是对生育药物领域的研究表示赞同。两只成年熊

1966年3月，就在姬姬与安安于莫斯科首次见面前，英国报纸兴起了一阵讽刺性的熊猫漫画热潮。此图便是其中一个。苏联总理阿列克谢·柯西金（图右）与其他两位典型的苏联人物从阳台上俯瞰红场

猫——应该就是莫斯科动物园的那两只明星——正护卫着好几只小熊猫走过红场，背景中还有其他数十只正漫步经过的熊猫。漫画的标题写着《会有更多妈妈想试试生育药物》。

最后，这两只熊猫终于在3月31日被送到了一起。它们互相凝视。安安在一棵树干旁察看了一下，在树桩上舔了几下留下了它的气味。突然间，它却暴跳如雷，对着姬姬大吼，然后张嘴咬住姬姬的后腿。姬姬跌了个四脚朝天，安安压在它身上，咬着它的肚子，这时动物园员工才出现，拿着水管喷水把安安驱走。《蒙特利尔报》（*Montreal Gazette*）刊出《熊猫罗曼史告吹》[21]，全球数十家其他的报纸也有相同报道。经过这件事之后，一直到秋天来临姬姬再度发情之前，动物园都没有进一步尝试让它们配对。伦敦动物园的工作人员则在4月3日回到英国。

整整六个月后，莫斯科方面发出电报，告诉伦敦方面说姬姬已有再次发情的迹象。如果要让熊猫配对，时间点是很重要的因素，所以德斯蒙德·莫里斯马上放下身边的工作，隔天就搭上飞机。安安似乎察觉有大事发生，开始发狂似的咩咩叫。姬姬隔着兽栏把屁股朝向安安。1966年10月6日，莫斯科动物园提早关门。员工各

就各位，备妥水管、麻醉枪以及木盾。经过仔细挑选才获准采访的媒体也站在树叶与幕布遮掩的后方观看。

当安安靠近的时候，姬姬打了它几个巴掌。英国的《伯明翰邮报》报道说："虽然两只熊猫互相嬉戏，安安也对姬姬频献殷勤，但此次约会显然失败，经过二十五分钟后，双方被隔离开来。"[22]《莱斯特信使报》的观察报道写道："次日早上两只熊猫再次相聚，不过'新娘'的表现，比起昨天约会时还要更紧张一些。"[23] 姬姬赏安安巴掌的照片在十几家报社间到处流传，报纸标题对此大做文章：《姬姬欲迎还拒》《姬姬赏安安耳光》《姬姬以右勾拳痛击金龟婿》[24]。当园方次日决定让这两只熊猫在同一个笼圈里过夜时，这些媒体玩得更凶了：《两只熊猫共度春宵》《熊猫的许身之夜》《枕边敌人》[25]。不过当这两只熊猫越看越不对眼时，标题的语调也有些许惆怅：《姬会已失》《姬姬仅剩三夜情》《在苏联失落的爱》[26]。而当姬姬将返回伦敦的消息宣布时，新闻标题成了：《姬

1966年10月的莫斯科动物园，动物学家德斯蒙德·莫里斯看着安安跟在姬姬后头

姬、安安，说再见》《落选新娘飞回家》《童贞熊猫返家》[27]。

在各大报纸对熊猫关系进展的巨细靡遗的报道下，这对熊猫也变得举世闻名。与此同时，当整个配对尝试变得有点像是低级肥皂剧的情节时，低俗的讥笑言语也到处传开。正当动物学家尽最大的努力要让这两只熊猫彼此更为亲近时，出现了一堆讽刺漫画，其中很多嘲笑了英国外交大臣想与莫斯科建立关系的无谓努力。11月18日《新闻晚报》(*Evening News*)所刊登的漫画就是典型的例子，漫画描绘了当时的英国外交大臣乔治·布朗(George Brown)身着熊猫服装，脸上带着黑眼圈，背着背包要去莫斯科。在房间的另一侧，矮胖的首相哈罗德·麦克米伦(Harold Macmillan)坐在椅子上，双脚在桌旁摇晃着。他说："老实说，乔治，我看你这次去不用什么手段也能造成大轰动。"[28] 其他则只是以熊猫为取笑对象，譬如《每日镜报》的漫画描绘了三位美国国家航空航天局的官员伴着两只熊猫走进火箭时呵呵地笑。标题写着：《很荣幸为您服务，希望十二个月的时间不会太赶》[29]。

1966年的相亲事件不仅使大众对熊猫的看法受到冲击。希望借着熊猫宝宝的诞生而大捞一笔的企业家们也损失惨重，尤其是在英国。有一家公司放弃了制造熊猫玩偶的计划。另外一家公司则只能失望地看着堆积如山的姬姬钥匙圈。

该公司的总经理告诉记者："我看我们是被骗了。"[30] 以生产冰激凌闻名的沃尔斯公司(Walls)在促销腰子派时，还以半价优惠搭配该公司无法售出的熊猫玩具。某家陶瓷厂也因为时机已过，放弃了制造姬姬造型的马克杯的计划。有一家饼干工厂已经做好了熊猫模具，正准备裁切面团，也决定直接放弃以减少损失。就在姬姬回到伦敦之后不久，《每日邮报》(*Daily Mail*)的一篇文章说道："产业界从来不曾有因为一对动物间彼此缺乏好感而笼罩了一层阴霾的前例。”

仿佛这一切还不够严重，接下来又有了更多的相亲情事。1967年2月阿列克谢·柯西金访问伦敦之后，伦敦动物学会决定正式邀请安安前来拜访。为了这一尚未成真的消息，报纸斗大的标题写着：《安安相亲回访之旅》《姬姬的另一场约会？》《姬姬的另一次求婚记？》[31]。也许在姬姬熟悉的环境下会有不同的结果。

相亲的时间也很不错。1967年，好几千名群众正聚集在旧金山著名的嬉皮胜地海特－黑什伯里区（Haight-Ashbury），亲身体验闻名遐迩的“爱之夏”。不过苏联方面对伦敦动物学会的邀约却没有马上答应。某家报纸报道说：“安安生病了，所以姬姬春天的蜜月就此结束。”[32] 而在同一年里，人们对安安健康状态的关心一直不断。最后，在1968年8月初，苏联方面终于正式首肯双方的重聚，不过他们也知道这又会吸引媒体大加讪笑。报纸标题再次重拾老掉牙的熊猫把戏：《姬姬的再见钟情？》《新罗曼史？》《另一场约会？》[33]。

这个消息传开后不久，爆发了一个重大的政治事件，差点让动物学者的计划再次泡汤。捷克斯洛伐克慢慢脱离了苏联的掌控，该国引进了一些改革，想放松舆论限制。这个运动就是著名的“布拉格之春”。但是在1968年8月21日的黎明时分，苏联以及其他华约组织国家的军队进入该国，将东欧集团的紧箍咒拴紧。西方国家无不动容，紧张形势逐渐升级，但这并没有危及熊猫计划。一位伦敦动物园的职员说：“没有理由因为这样，就要取消这次的访问行程。”[34]

经过1966年两只熊猫在莫斯科令人失望的“演出”后，已经有一些人对这次相会不抱什么希望。自从姬姬在20世纪60年代初第一次显露出发情的迹象，就有人怀疑它因为整辈子几乎都跟人类在一起，少有与同类同伴相处的机会，已经变得“人类化”。在它前往莫斯科旅程的筹备期间，它的兽居还挂了一面镜子，好让它习惯一下熊猫的长相。不过在莫斯科的时候，它可是很会搔首弄姿，弄得一位苏联动物园员工都觉得“很难为情”[35]。1966年的相亲结束之后，苏联方面有以下结论：“姬姬与其他熊猫长期不相往来让它的性心理产生了一个‘印记’，以为自己是人类。”[36]

“印记”（imprinting）这个概念，在20世纪30年代经过奥地利动物学家康拉德·洛伦茨（Kondrad Lorenz）的推广后才逐渐普及，他后来也因为动物行为方面的研究获得诺贝尔奖。他很好奇动物如何认知同一物种的同类。这是一种天生的能力还是需要经过后天的学习呢？洛伦茨的研究显示，呱呱坠地的最初几个小时是某些物种重要的学习时期。他发现，新孵化的灰雁宝宝会把它们看见的第一个对象当作是自己的同类。在正常情况下，这会是它们的母亲。另外，洛伦茨也进行人工孵化，观察刚破壳而出的小雁，他发现在它们出生的几个小时内，它们把一直陪伴在旁的动物（甚至是无生命的物体）当成是它们的“印记”，急着想跟在其后，不管走到哪里都一样。洛伦茨论证道，“印记”的作用是建立“雏鸟的同类意识”[37]，这关系到它们以后是否能够找到伴侣。

如果幼鸟将自己“印记”成错误的物种，可能会产生一些奇异的后果。洛伦茨叙述道，有一只由动物管理员饲养长大的公麻鸦，每当管理员靠近时，就会把同住一起的母麻鸦赶跑。最后，当这两只鸭终于交配并生下一窝蛋时，搞不清楚状况的公鸭还想将管理员带到巢里，一起帮忙孵蛋。后来的研究人员也针对这个有趣的现象，以更严谨的方法进行了后续研究[38]。在某个研究中，德国科学家将斑胸草雀生下的一窝蛋取走，拿到十姊妹鸟的巢里，请这对养父母帮忙孵化抚育。经过十姊妹鸟四十天的喂食与照料之后，再将幼雏隔离六十天。然后，在它们与众不同的生命的第一百天，研究人员开始观察这些斑胸草雀的性取向。他们发现，养父母喂食它们的次数越多，斑胸草雀选择与十姊妹鸟而非同类母鸟交配的取向就越强烈。

这类实验也被重复用于针对哺乳动物进行的研究。20 世纪 90 年代，英国与南非的研究人员以山羊和绵羊为实验对象，把八只新生山羊与八只新生绵羊调包。在它们长大后，科学家开始测试它们的社会与性取向。绵羊养大的公山羊想与母绵羊一起活动并交配；而山羊养大的公绵羊想与母山羊一起活动并交配。但母羊却没那么容易上当。研究人员的结论是："这间接支持了弗洛伊德提出的俄狄浦斯情结，并且显示雄性比雌性更无法适应社会优先项目的改变。"[39]

大学本科时，年轻的德斯蒙德·莫里斯就对洛伦茨的研究很感兴趣，1950 年洛伦茨在布里斯托尔大学讲课时，他还曾经赶赴课堂听课。之后他还说："这个人不只是有才气而已，他是个天才。"[40] 莫里斯认为，"印记这个概念有助于解释姬姬的行为"。他写道："每个迹象都显示由于被人类抚养长大，从未看过其他熊猫，姬姬已经人类化了，甚至不认得安安是它的同类。"[41]

认为姬姬在性方面已经以人类为"印记"的看法，的确有其主观上的吸引力。不过强调姬姬的人类化，只会让其他人把玩笑开得更加过火。

某家报社的读者投稿写道："姬姬被人类带大，所接触的对象也尽是人类，结果找安安来跟它入洞房，它无疑觉得被人侮辱了。对于这个问题，我认为最好的解决方法就是让安安穿上莫里斯的制服……然后机灵地闪到一旁去看好戏。"[42]

对于姬姬不顺的情事，虽然动物学家一边倒地支持人类化是最可能的解释，不过大众媒体上也出现了许多其他解释。小说家凯瑟琳·施托尔（Catherine Storr）于1968年9月初在《卫报》（*The Guardian*）上写道，许多荒唐而轻浮的妄言猜想大部分都指向姬姬，这正好暴露出英国社会对女性仍然存有的一些偏见。她说："难道除了冷漠、同性恋或精神病等因素之外，它就不能选择单身吗？"她继续说："也许我们可以从姬姬那里学到何谓对自己的诚实。譬如，所谓的'正常'不一定就得是其他人所认为的'正常'，或许也可以是恬静闲适、自得其乐地做自己。"[43] 因此，姬姬与安安不但代表了东方与西方、苏联与英国之间的紧张关系，现在它们也被拿来反映社会上的性别偏见，这些偏见有待后来如火如荼的女性主义运动加以推翻。

1968年9月1日安安抵达伦敦动物园时，莫里斯已经升官，迈克尔·布兰贝尔（Michael Brambell）成为新任的哺乳动物组组长。他分几个阶段让这两只熊猫重新见面：先让它们各自分别在对方的围栏里待上一段时间，熟悉一下味道；然后让彼此以视觉接触，透过格网围篱互动；最后才是在晚上共处一室。跟以往一样，它们有一些小打斗，而且姬姬也情绪不宁。报纸与大众都密切注意着熊猫的一举一动：《再聚首已成冷静身》《姬姬改采冷静策略》《面对姬姬爱的来电，安安呼呼大睡》[44]。

经过两个月，姬姬没有出现发情期的征兆，并且看起来它已经不会发情的可能性越来越大。伦敦动物园与苏联文化部的协议是安安在10月底前就必须回去，各大报纸又开始炒热整起事件。那个周末，《星期日电讯报》（*The Sunday Telegraph*）刊登了一则典型的讽刺漫画，一个秃头的人靠着兽笼的铁条，他穿着一身熊猫服装，把道具的头部放了下来，一边的脸颊上汗水直流，他对着对讲机说："莫斯科，你好，我是安安。他们要送我回去了。我的任务失败了，不过我已经联络了两只猩猩，它们也许会是组织的得力助手。"[45]

随着期限快速逼近，布兰贝尔和他的同事决定采用大胆的做法。为了善用这两只熊猫相聚的最后几天时光，促使姬姬发情，他们决定替它注射包含多种激素的混合药，这种药剂还没有其他熊猫试用过。事实上在那个时候，即使是对老鼠与兔子等实验动物，使用药物诱发排卵也都绝对还在实验阶段。因此，布兰贝尔与他的同事只能依据来自其他动物的少量信息做出专业推敲下的猜测，选择为姬姬注射哪几种激素，剂量多少，什么时间注射。最后他们从怀孕母马的血液中提取出一种可以刺激脑干分泌"卵泡刺激素"（follicle stimulating hormone，它可以"告诉"卵巢开始育卵）的物质，然后将其注入姬姬体内。几天之后，假定这个招数已经奏效，他们于是又从马身上抽取出相当于人类的"人类绒毛膜促性腺激素"（human chorionic gonadotrophin）的物质，此激素在结构上类似使卵巢排出成熟卵子的黄体生成素（luteinising hormone），然后他们又替姬姬注射了这种激素。

从姬姬接受治疗后行为的突然改变，可以知道它体内产生了明显的变化。在它接受首次注射六天之后，便食欲不佳，这一切正如人们的预料，姬姬已经进入发情期。之后十天，在它的胃口慢慢恢复之前，它仍然拒食。安安似乎也察觉出了异样，开始对这只伦敦熊猫产生一些兴趣。不过根据布兰贝尔与他的同事次年发表在《自然》杂志中的文章所言："不过姬姬并没有摆出交配姿势，安安的攻势也没有一直持续下去。"[46]

后来他们才知道，其实不用这么耗费心思采取这种激烈的实验性介入手段，因为苏联方面最后响应了伦敦动物园将10月的期限延长的要求，同意让他们的熊猫在姬姬下次发情前都留在伦敦。但是布兰贝尔和他的同事无法确定姬姬什么时候才会再发情，所以还是决定使用人工控制的方式；1969 年 2 月他们再次将剂量更大的母马血清注入姬姬体内，希望能让它进入繁殖高潮期。然而它的反应跟第一次没有多大不同，他们的记录写着："姬姬开始不吃东西，并且更频繁地在巢穴里留下记号，安安变得比较活泼，多次接近姬姬，不过动作并没有一直持续，迹象显示它们不太可能会交配。"

据我们现在对于熊猫生理学——或其他动物生理学——的了解，就这档事而言，1968 年与 1969 年操控姬姬生育能力的一切努力成功的可能性非常小。因为后来经过多年，或者说几十年的实验，人们才找出最正确的方法刺激特定动物的卵巢排放出卵子。而

2009 年世界野生动物基金会撤下姬姬造型的捐献箱，并邀请知名的艺术家将它们制作成艺术作品。贾森·布吕热（Jason Bruges）的"熊猫之眼"是一个以 100 只熊猫组成的装置艺术，每只体内都装有热感应器，因此眼神会跟着观众移动，这件作品入围 2010 年度英国生命保险设计大奖（Brit Insurance Designs of the Year 2010）的候选名单

在宝宝出生之前，这还只是许多繁复步骤的其中之一而已。

因此，最后在1969年5月21日，安安还是回到了莫斯科：《安安回家，任务失败》《熊猫爱爱营结束》《安安回到苏联》[47]。在他离开的次日，《标准晚报》（*Evening Standard*）刊出一则庸俗的漫画。姬姬坐在自己的围栏里，旁边是安安空荡荡的笼子，标题写着《天啊，我今天好有感觉！》[48]。已经不会再有什么意外出现了。整件事已经完全落幕（熊猫们也总算可以喘口气了）。

动物学家的任务也许已经失败了，但是他们的看法跟外界并不一样，他们并不觉得熊猫不善于繁衍后代。当人类世界展开性革命的同时，在长达五年的相亲过程中，姬姬与安安的模样也出现在大量制造的玩具与饰品上，成百上千则的漫画与相片以它们为题材，述说着一个又一个新闻故事，涵盖了数十种不同的语言，横跨了地球五大洲。苏琳在广播或电视正式商业播出之前的20世纪30年代，就以魅力之姿造成轰动。姬姬与安安，相对而言，则成为全球媒体追逐报道的对象。姬姬是如此受到注目，即使在死后也有办法造成一场轰动。

第八章

可爱形象长留人间

当时间由 20 世纪 60 年代走入 70 年代，已经有越来越明显的迹象显示，姬姬的日子屈指可数。它的动作开始变慢，经常食欲不振，到园子室外活动场所溜达的次数也变少了。然后，在 1972 年 3 月，它病倒了，民众都十分关心它的健康情况，大批邮件涌入动物园，新闻处也忙着处理外界的关切电话。

BBC 新闻节目《全国》的主持人也致电动物园，想知道它最新的健康情况。伦敦动物学会公关处的托尼·戴尔（Tony Dale）回答得很乐观。他说："我们上回去看它的时候，它刚喝完茶，然后回到卧室睡午觉。它现在躺着睡着了，还很高兴地挥着脚掌。"[1]不过戴尔不敢肯定它是否挨得过夏天。"我们无法做什么预测，因为它是全世界各动物园里最老的熊猫，对于熊猫来说，15 岁的年纪已经算是个老奶奶了。"

随着它的健康继续恶化，动物园也为它的后事预先做了一些安排。你或许记得在十年之前，芝加哥的解剖学家德怀特·戴维斯根据首只被带离中国的活体熊猫苏琳的解剖资料，发表了关于熊猫生理构造的首份详细报告。不过苏琳是一只年轻雄性，戴维斯也只能得到“浸泡在药水里的遗体”[2]。对姬姬的身体进行检验不但可以揭开成年母熊猫在解剖构造上的奥秘，解剖死去不久的熊猫也可为戴维斯开启一些之前无法企及的研究路径。因此动物园的哺乳动物组组长迈克尔·布兰贝尔便开始着手筹组一个精英团队，团员包括病理学家与解剖学家，这些专家可以在姬姬死后抛下手边的工作，立刻赶往摄政公园。目的是要在姬姬死后几分钟内，最多几个小时之内，就把它移到手术台上。

7月中旬，姬姬已经病入膏肓，它再次拒食之后，布兰贝尔知道姬姬已经到了生命的尽头。[3] 7月21日星期五，动物园关上大门不久后，布兰贝尔为它注射了安定剂，让它可以好好休息，不过却没有什么效果，姬姬显得十分痛苦，只能选择让它安息了。星期六凌晨三点，“对进行手术来说，这是一个寒冷而苛刻的时间”。

星期天的报纸都在哀悼这只“赢得全世界无数民众芳心”的熊猫离开人世。[4] 同一时间，布兰贝尔与一旁的病理学家正在解剖姬姬的遗体。在姬姬永远沉睡之后，布兰贝尔的第一个“魔鬼”任务，是要把它的眼珠挖出来。布兰贝尔回忆道：“将姬姬拿去验尸，其中一个目的是要取得有关它眼睛色素的信息，不过这事得在二十分钟之内搞定。”[5] 他坦诚地说：“现在想来我还是觉得不寒而栗。没多久前我还照顾着它……二十分钟之后我却要变成病理学家，处理躺在手术台上的它。”

将姬姬的眼珠放入冷冻柜的整个过程实际所花费的时间超过了眼科专家赫伯特·达特诺尔（Herbert Dartnall）的指示。另外，由于适逢周末，布兰贝尔也没办法在星期一前将这个器官送到达特诺尔位于布赖顿的萨塞克斯大学（University of Sussex）医学研究中心眼科部门的实验室。就在这里，达特诺尔开始检验姬姬视网膜里面的色素，他特别希望从中发现它是否可以看见色彩。为了不刺激色素，他在红光照射的实验室内将右眼解冻之后割开，并且仔细移除视网膜。次年达特诺尔将研究结果发表在《自然》杂志中，他断定熊猫具有两种感光色素，一个会反映红色，另一个则是白色。这个发现指出，熊猫可以看见色彩，就像大部分在白天活动的食肉动物一样。[6]

姬姬的其他器官也让我们更加了解熊猫的生理结构。事实上，伦敦动物学会花了一整期学报的篇幅来刊登它的遗体检验报告，包括与它的血液、肠胃、乳腺等相关的论文。借助这些资料，戴维斯因为无法取得熊猫新鲜样本进行研究而产生的知识空白，都获得了填补。

检验完全结束之后，布兰贝尔将姬姬的遗体提供给自然博物馆。在当时，那可算是它必然的归宿，不过值得说明的是，这并非该动物园所有动物死后的最终去处。伦敦动物学会于1826年成立之后便忙着改善摄政公园的环境，以容纳娱乐民众的动物。不过同时，该学会也进行着另外一个相当重要的计划，就是在梅费尔区的布鲁顿街（Bruton Street）兴建一座博物馆。因此当动物园终于对外开放时，任何珍奇的动物死亡之后都会被直接送到该学会的博物馆，而非当时被称为大英博物馆博物学分馆的自然博物馆。

事实上，在19世纪的那个时候，大部分博物学家都认为伦敦动物学会的博物馆优于大英博物馆，也是最佳的标本放置场所。正如1836年达尔文在乘坐小猎犬号返航途中写给同事的信中所说的一样，“动物学会博物馆的空间已经满了，而且还有1000件以上的标本没位置可以陈列。我敢说大英博物馆会接受这些标本，不过就我所听到的消息来看，这家机构的现状并不是很好”[7]。

不过1855年，动物学会决定关闭博物馆并将丰富的馆藏动物标本分送他处，这让事情有了变化。他们的理由有两点。第一，馆藏实在过多，使得莱斯特广场西侧的场所完全不够用于存放标本。也许更重要的因素是，大英博物馆动物部门主管约翰·爱德华·格雷（John Edward Gray）是一个经营奇才，使得该馆获得一致公认，成为欧洲当时最顶尖的动物收藏宝库。因此伦敦动物学会将一些最珍贵的标本以500英镑的价格卖给大英博物馆后，这座自然博物馆就拥有了首批来自动物园的收藏品。

这项做法自此成为传统，动物园最受欢迎的明星死后都会来到首都的另一头。譬如加拿大第二步兵旅的吉祥物黑熊温尼伯(Winnipeg)。1915年，该旅前往欧洲参加第一次世界大战时，一位步兵团中尉把它送到伦敦动物园安置。在这里，温尼伯深受一位名叫克里斯托弗·罗宾·米尔恩（Chirstopher Robin Milne）的小朋友的喜爱，他还因此给自己的玩具熊取名为维尼（Winnie)。当温尼伯于1934年死亡并来到自然博物馆时，克里斯托弗已经14岁了，他的父亲艾伦·亚历山大·米尔恩（Alan Alexander Milne）也写完了一整套小熊维尼的故事。

另一个例子则是布鲁玛斯（Brumas)，它于1949年出生于摄政公园，是英国所有动物园繁殖出的第一只北极熊。英国民众非常喜欢它，1950年动物园还创下了超过三百万人次的入园纪录，这项纪录一直维持至今。1958年布鲁玛斯去世之后，遗体被移往自然博物馆保存，但动物园的运气不错，才隔没几个月，姬姬便来到伦敦，接下了它愉悦大众的任务。

在姬姬死后的一个星期内，博物馆就已经决定要将它的遗体进行展示。矿物学家弗兰克·卡林布尔（Frank Claringbull）在1968年继任馆长之后，开始大力改变博物馆亟须改变的形象门面。姬姬展览是这项工程的一部分，1972 年 7 月 27 日，卡林布尔发布了一份新闻稿，说明博物馆的熊猫展示计划：

> 外皮套上框架之后，会尽速公开展示，不过这个过程可能要花费几个月的时间，这段时期内外皮也无法供人参观。骨骼将列为学术收藏，仅供研究使用。[8]

博物馆将哺乳动物组组长戈登·科比特（Gordon Corbet）的名字列在新闻稿下方，作为“详细信息”联络人。曾在该博物馆工作的古生物学家的理查德·福特（Richard Fortey）在他的著作《一号干燥保存室》（*Dry Store Room No.1*）中，形容科比特是“一位身材矮小的苏格兰人，个性犹豫不决，说话时常常显得紧张”，好像一只田鼠“动作暂停时，胡须仍然抽动”[9]。事实上，由于科比特的博士论文正是有关田鼠的，而大部分动物学家也十分喜爱他们所研究的物种，这个描述也许不会太过分。新闻稿发布之后的几天内，科比特便忙着应付媒体的来电，他们大多询问是否可以“在展示准备期间的各个阶段内，为姬姬拍一些照片”[10]。如果记者问的是有关熊猫生理学的问题，也许科比特还帮得上忙，但是对于姬姬展示的相关提问，便不属于他的职权范围，这完全是展示部门的业务。于是，外表像是田鼠的科比特就将记者介绍给了展览负责人迈克尔·贝尔彻（Michael Belcher）。

博物馆察觉到媒体的浓厚兴趣，因此开始酝酿另一个更为大型的姬姬展示计划。到了 9 月中旬，博物馆经过内部协议，决定在 12 月 12 日下一次理事会召开之前完成这个陈列品，于会中展示后，再于次日公布给媒体。类似的会议进行时，馆长都会提出往后几个月的政策规划与决议事项，请理事裁决，这时要是秀出让人眼睛为之一亮的新展品，往往会产生不错的效果。让姬姬的标本在12月中旬亮相还有另一个优点，就是吸引圣诞假期中的学生前来博物馆参观。

因为打着这层主意，博物馆对于姬姬遗体的处理方式产生了两大改变[11]。它的骨骼原本打算供学术研究之用，放置在博物馆地下的收藏室内，现在博物馆因为公开展览规模的扩大，决定将它的骨头与外皮一同展出。除此之外，博物馆对于媒体要求参观标本剥制过程的要求也是欣然同意。卡林布尔在10月初又发布了第二篇新闻稿，内容与第一篇正巧相反，宣布一周之后，将在位于克里克伍德（Cricklewood）的模型制作与剥制室提供公开拍照的机会。贝尔彻也随时将进度通知伦敦动物园，于是伦敦动物园的托尼·戴尔派出了两名新闻室的工作人员，前往克里克伍德与资深标本剥制师罗伊·黑尔（Roy Hale）会面。他在给贝尔彻的信中写道："我们每个人都想见识一下摄影环节之后媒体报道的盛况。"[12]

情况相当不错，多家媒体对标本剥制的过程极感兴趣，这大部分都要归功于黑尔对其工作所具有的自信。他表示："标本剥制师是集木匠、金属匠、裁缝、雕刻师与解剖学家等各家专才于一身的职业。"[13]《肯辛顿新闻与邮报》（*Kensington News & Post*）的记者甚至将报道重点放在标本剥制师而非熊猫身上。澳大利亚广播公司在姬姬的广播节目中专访黑尔之后，也认为从他那里"获益良多"，认为他非常具有广播"天分"。[14]

哺乳类是最难剥制成标本的动物种类之一。在19世纪，普遍的做法是先制作出固定外皮的木架，然后再以稻草或纸张填实。但是要正确掌握动物的外形却是非常困难的一件事，动作的表达更是难上加难。另外，皮革在干燥之后会变硬，缝制的痕迹也难以隐藏。事实上，当时的准备步骤相当简略，这让19世纪末的南肯辛顿自然博物馆馆长威廉·亨利·弗劳尔（William Henry Flower）在1889年写下了以下的重话：

> 对于一直遭受冷落和忽视的标本剥制技艺，我不得不说几句话：大部分博物馆充斥着可悲与令人生厌的滑稽劣质品，哺乳类与鸟类的标本根本不像真实的动物，与自然动物的身体比例相差甚远，不是这里凹进一块，就是那边凸出一片，完全没有动物活灵活现的样子。[15]

但是在该世纪结束之前，标本剥制技术已经有所改善。对于剥皮后尸体的精确测量让剥制师可以用木头与线材制作出骨架“模型”，然后再以刨花，也就是别致的包裹里常见的长条木屑，来建立肌肉组织。下一步则是在模型上涂抹一层薄薄的湿泥土。黑尔解释说：“这时皮革应该就会像手套一样紧密包裹住模型。”[16]他这项技艺是从皮卡迪利（Piccadilly）的罗兰·沃德有限公司

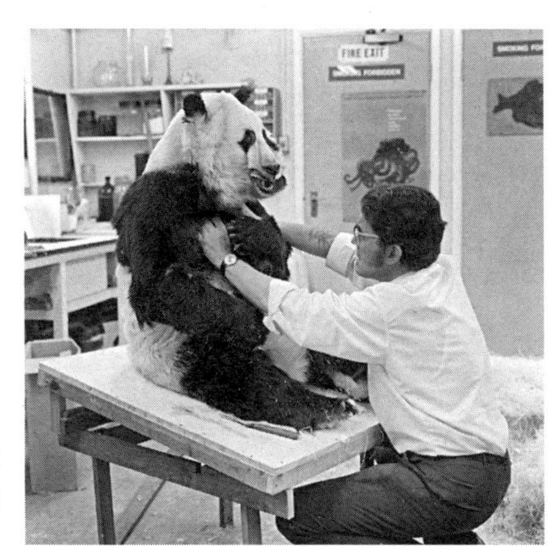

自然博物馆的首席剥制师罗伊·黑尔在位于克里克伍德的模型制作与剥制工作室整理着姬姬标本的外皮

(Rowland Ward）学来的，这家公司是当时全世界最受尊崇的标本剥制公司。皮革这时候就可以紧粘着湿泥，让剥制师塑造出想要的外形。对于姬姬的头部，黑尔则是将外皮套在它头骨的玻璃纤维铸模上，小心翼翼地让表情看起来生动。他对观众说："有太多人都在动物园看过它了，我做的模型如果不像，他们马上就会说，它一点也不像活着的样子。"

贝尔彻很高兴他对媒体的操纵获得了成效，他对动物园的托尼·戴尔得意地说道："我们已经得到了预期的媒体报道效果。"[17]只不过有一个值得注意的例外。《每日快报》的专栏作家琼·鲁克(Jean Rook）——人称"舰队街第一夫人"——鲜少会错过讽刺人的机会[18]。她后来写道："我的读者喜欢我将打字机的键盘当作牙齿，狠狠咬住他们恨不得可以亲自挞伐的公众人物，尤其是那些从来没被记者碰过的衮衮诸公，或者诸婆。"在这种情况下，鲁克却维护着姬姬，她写道："在这个左邻右舍都逐渐失去童贞的年代，它却依然保有它的贞操。"她将姬姬新的监护单位作为攻击对象。她写道："它现在已经死了，不在了，我觉得自然博物馆真是不厚道，连人家的妈妈也不打算通知一声，在它的遗骸仅剩纤维模型以及外面顶着的皮毛时，他们还要榨取这一点点价值。如果它还活着，或许会选择以展示架作为最后的归宿，可能还会尽力争取。不过这也不是把它做成标本的借口。"[19]

戴尔以揶揄的语气回应贝尔彻的信："对于鲁克小姐的事，我感到遗憾。如果她再出现，我一定会把她丢到北极熊的兽栏里！"[20]

在博物馆这边，贝尔彻已经为他的同事设定了几个工作期限。他写道："如果这些工作都能如期完成，理事会在 12 月 12 日召开时，展览也可以一并开幕。"[21]

贝尔彻最重要的事，就是请科学家想出第二个展示柜里放什么展品，这个展示柜的展品之一是重新拼凑起来的姬姬骨架。博物馆决定利用这个展示柜来解释究竟熊猫有何特别之处这个难解问题。

贝尔彻的团队买了一些桦木芯夹板，用来制作展示柜，也买了一些用来铺设柜面的干邑色布料，这是为了让姬姬骨骼的背景装饰看起来高雅一些。柜内同时也会摆设小熊猫、黑熊与浣熊的头骨与骨头。让大众有机会可以看看这些物种的异同之处，或许可以让他们对博物馆的科学家如何进行动物分类有更多的了解，或许也可以让他们体会到决定熊猫演化位置的困难。

除此之外，展览小组也试着为姬姬的毛皮标本建立“栖息地环境造景”(habitat diorama)。一般的栖息地环境造景包含三个部分：充填后的动物标本、可以表现出动物栖息地环境的三维空间前景，以及一个可以吸引观众前来观看的凹面背景画作。

其中最出色的作品可以将这三个部分完美融合，建立起一个宛如实境的景象。在无法录制博物学纪录片以及航空旅行还不普遍的年代里，这些展示遥远世界的橱窗具有非常巨大的效果。今日，我们对这些异国景色已经十分熟悉了——不管是因为我们运气不错可以造访动物栖息地，还是因为我们有办法可以追寻戴维·阿滕伯勒(David Attenborough) 爵士的事业——这些展示场景已经不再难得一见了。

姬姬的生态造景特别具有教育意义。贝尔彻买了一些人造竹子，在左侧设置了一片竹林，在右边安排了几株真的竹竿，姬姬所坐的地方则用了三袋泥炭铺设。他同时也雇用了一位画家绘制背景，但是黄色颜料用得过于生硬，与泥炭的前景不太搭，让姬姬看起来不像是坐在四川的山边张望远处，而是变成了小学生生涩作品中的一个突兀的标本。不过，至少它还算是准备妥当，可以在 12

月的理事会中亮相了。

在这之前的几天，卡林布尔发布了最后一篇与姬姬相关的新闻稿，邀请媒体在公开展览开幕的前一天参加一场“拍照会”[22]。这或许就是姬姬的最终结局了，不过在被装入展示柜前，它又做了一次最后的旅行。

11 月底，贝尔彻坐在桌子前，电话忽然响了。他对着话筒轻轻地说：“展示部，有何贵干？”电话是 BBC 打来的。他们已经收到新闻稿，想探询一下他们的儿童旗舰节目《蓝色彼得》(*Blue Peter*) 是不是可以以全新的姬姬作为主角。贝尔彻一下子就看出了这场公开宣传的价值。他写信给卡林布尔说：“《蓝色彼得》是闻名遐迩的节目，观看的儿童人数有 900 万之多。”[23] 不过他也说明，“他们的每集节目都是现场制作，而且也不愿意到这里来摄制”。除此之外，他们还希望姬姬能够上星期一的节目，那正巧是

自然博物馆北厅所展示的姬姬，它在 1972 年死后一直待在这个地方

让它取得理事们好感的前一天。

卡林布尔同意了这些条件，“但是BBC得让博物馆派出一位工作人员全程陪伴录像，并支付相关费用”。因此星期一大早，姬姬便坐在一辆厢型车后头，手里拿着一枝竹子，一路从南肯辛顿被载到牧羊人丛林（Shepherd's Bush）的BBC电视中心。顶着一头乱发的彼得·珀维斯（Peter Purves）是《蓝色彼得》的主持人，他介绍了这具熊猫标本。他用安慰的语气告诉年轻观众说：“姬姬死的时候，很多人都很伤心，还好现在我们知道它已经被完美地保存下来，而且不久之后就会一直在博物馆展出。”[24]

节目结束之后，它被护送回博物馆，并放在它的展示柜内，准备在次日面对媒体还有诸多理事们。星期三早上，当大众终于可以在博物馆北厅这个姬姬的新家首次目睹它的新风采时，报纸也将这项展览的信息传递给各界。

参观的人群来来往往，现场并未出现任何骚动，博物馆的主管也不会紧张不安。不过几年之后，当动物园的另一位动物明星——大猩猩盖伊（Guy the Gorilla）——在动手术拔掉蛀牙时，不幸因为心脏病发身故，这时情况可就完全不同了。它死后没几天，自然博物馆打算将其制成标本的消息便走漏了，新闻标题大声耻笑要将盖伊“填制成标本”的想法。英国民众群情激愤。动物园员工得耐住性子处理潮水般涌来的愤怒信件，而且每封都必须花费许多时间来回应并安抚民众的情绪。信件的内容五花八门，有严肃的，也有令人发噱的。严肃的这部分可以12岁的罗宾·塔克（Robin Tucker）的信件为代表，信中有一百位以上亲友旧识的联署，呼吁不要把大猩猩盖伊填成标本。[25]字里行间还有一幅栩栩如生的盖伊画像，它哀愁的脸搭在标题上：“为什么他们不让它好好休息？”

另外还有一封怒气冲冲但内容滑稽的信件，来自曾任动物学会名誉理事的安东尼·查普林（Anthony Chaplin）子爵，在这封寄给他的继任者的信中，他表示把盖伊的遗体交给剥制师，让他感到十分厌恶。[26] 查普林希望盖伊能够被安葬或火化，然后举行一个追悼仪式，把它安葬在学会的庭园中。他在署名时还留了一句令人发噱的话："难道学会的名誉理事与主席等人，过世以后都会被填制成标本，放在博物馆展示吗？"

动物园园长科林·罗林斯（Colin Rawlins）写了一封严肃的信给自然博物馆并附上了一些他们收到的信件。他写道："对大众来说，盖伊就像人一样，新闻报道中的对它遗体的处理方式，让很多人产生反感，把他们的怒气出在我们身上。""虽然我觉得我们以后不太会遇到相同的情况，但请容我请求，未来若有知名动物将做成标本展示于博物馆内，您可否千万注意，除非必要，否则不要让媒体知悉。"[27]

由于情况非常难以应付[28]，博物馆于是仅能将处理到一半的盖伊毛皮摊开后存入冷冻柜，时间长达两年。1980 年，这个棘手的问题又浮上台面。当时的新闻公关休·兰贾德（Sue Runyard）听到了两个让她十分担忧的风声。第一个是动物园里流传的消息，说盖伊的遗体一定已经出现了麻烦的状况。第二件更让她警觉的事来自罗伊·黑尔任职于标本剥制部门的同事阿瑟·海沃德（Arthur Hayward），他说"毛皮要是冷冻存放两年就会损坏"[29]，而时间也正快两年了。

兰贾德向 1976 年接任卡林布尔馆长职位的罗纳德·赫德利（Ronald Hedley）坦白："我不是盖伊的粉丝。"但她清楚地知道如果她什么也不做会导致什么后果："我可不想以后花时间向媒体解释为何我们任由盖伊的毛皮腐坏，不作处置。民众对于这号人物的热情关心在我看来有点愚蠢，不过却是情真意挚。我经常接到媒体来电询问现在它的状况如何，并要求我在它重新亮相时通知他们。它的传奇不会结束。”

兰贾德的话打动了馆长，他指示海沃德将盖伊的毛皮从冷冻保存室中取出，评估一下损坏的状况。情况不是很好。皮下结缔组织严重紧缩，以当时的情况要制作成标本是不可能的事。海沃德建议使用“猛烈冲击”的办法，让结缔组织松脱，之后再尝试将盖伊的皮毛套在模型之上。这点也有难度，因为海沃德无法确定他想采用的化学物质会使盖伊的外皮产生怎样的变化，并且毛皮很有可能永久损毁。因此，就像我们使用地毯清洁剂时一定要先拿一小片样本来测试，然后才实际使用一样，海沃德拿了一片红毛猩猩的外皮来测试效果如何。

结果很顺利，因为他所提议采用的软化处理方式，“几乎不造成毛发的掉落”。最后，只剩一件事要注意。海沃德建议先将盖伊的毛皮套在覆满泥土的模型上，把毛发固定住，再将皮层蚀去，以假的橡胶皮作为替代品。根据剥制史学家帕特·莫里斯（Pat Morris）的看法，这个方法如果行得通，可以说是“非常完美”的解决方式。“只不过要让它行得通极为困难，需要耗费很多时间，恶臭难当，没有人会喜欢这个工作。”[30] 而且成本也很高。时至今日，这类工作都还要花上几万英镑。

博物馆最后让海沃德放手去进行如此高端的剥制技术，这表明了他们对这件标本的重视程度。在1985年11月5日的盖伊·福克斯日（Guy Fawkes Day），盖伊去世四年多之后的这一天里，它终于在公共艺廊公开展示。在博物馆馆长赫德利赞扬海沃德的“巧夺天工”[31] 之际，大众媒体又兴起了一阵波澜。《泰晤士报》的一篇文章开头写着：“今日是大猩猩盖伊身陷炼狱的第一天。”[32]

为何姬姬的标本剥制没有什么大问题，而六年之后对盖伊动刀剥皮却会变成全国瞩目的事件呢？当然其中大部分的原因是因为熊猫与猩猩有所差别；人类对于物种接近的亲戚的遭遇更容易感同身受。除此之外，20 世纪 70 年代也出现了一波大猩猩浪潮。人猿学家简·古多尔（Jane Goodall）与戴安·福塞（Dian Fossey）的研究，揭开了黑猩猩与大猩猩社会的神秘面纱，也因此让简·古多尔协会与戴安·福塞大猩猩基金会得以在 20 世纪 70 年代末相继成立。同时，在 1979 年，BBC 的博物学部门播出了当时规模最为宏大的野外动物节目《环球动物》（*Life on Earth*），由年轻的戴维·阿滕伯勒主持，其中包括了他与卢旺达山地大猩猩令人难忘的相遇情景。

不过这些猿猴所造成的新轰动，也正反映了环境运动持续累积的能量将带来的更大变化。20 世纪 70 年代博物学节目播出频率的增大，而彩色电视的出现也让节目更加生动，这增加了大众对于自然界的注意与关切。除了盖伊曾在 20 世纪 80 年代短暂地出现在自然博物馆的艺廊之外，姬姬也属最后几只交到博物馆剥制师手里制作成标本公开展示的大型哺乳动物。到了 20 世纪 80 年代末期，为公共艺廊填制动物标本的做法已经成了政治批判的议题，博物馆于是决定永久关闭剥制部门，将以后少数的必要工作以投标方式进行。在十五年前制作过姬姬标本的罗伊·黑尔也认为该是他收拾针线行囊走人的时候了。

姬姬的过世让英国民众的生活出现了一个熊猫空洞，每个人都想把这个缺憾弥补起来。在 1972 年夏天姬姬去世以前，保守党首相特德·希思（Ted Heath）便极力讨好中国。3 月，两国互设大使，外交关系开始升温。到了 5 月和 6 月，议会外交副大臣安东尼·罗伊尔（Anthony Royle）前往北京为外交部部长亚历克·道格拉斯－霍姆（Alec Douglas-Home）爵士该年年底的访问之旅铺路，他是英国内阁在十年之内首位出访中国的官员。道格拉斯－霍姆对记者说："我相信这是两国关系升温的开始，现在冰雪已经消融，我们可以一起在暖和一点的水域中同游。"他还被问到是否会向中国外交部部长提出有关熊猫的议题。他回答道："我不确定向中国民众讨一只熊猫是否合适。"不过接下来他却兜圈子表达出他的意向："如果中国民众愿意送给我们一只，我们会很高兴，其实每个人都知道我们很想要。"[33]

1973 年年终，伦敦动物学会送了一对在 20 世纪初已在中国绝种的戴维神父鹿（麋鹿）给中国，这种动物我们在第一章已经提过。随后几年内，欧洲各国又陆续送了几只麋鹿给中国，让这个物种得以重返故土。

在先遣工作完成之后，希思本已在 1974 年 1 月排定前往中国访问的行程，不过国内矿工罢工的事件让他抽不开身。2 月的大选结束之后出现了悬峙议会，希思的得票虽占大多数，但是议会席位却少于工党的哈罗德·威尔逊。他不仅得从唐宁街十号打包走人，北京的访问可能也永远无法成行了。唐宁街十号的新主人是威尔逊，还有他的少数派内阁。

不过尽管领导者产生了变化，中国方面却坚持希思必须坚守访问的承诺[34]，于是他在 5 月末与中国的周恩来总理相见。《泰晤士报》的头版报道："两千多名穿着彩衣彩裙的年轻女孩聚集在北京机场，挥舞着英国国旗，热情地喊着欢迎的话语。"希思停留了三天并进行会谈，他送给毛泽东一本达尔文的《人类的起源》（*The Descent of Man*），并收到一只作为回赠的 18 世纪花瓶。不过在他的传记作者约翰·坎贝尔（John Campbell）的眼中，希思成功出访北京，“在英国民众心目中最大的意义，却是中国政府赠送给伦敦动物园一对熊猫”[35]。

8月熊猫还未抵达伦敦时，阴谋论的说法就已四处流传[36]，《星期日快报》（*Sunday Express*）有篇文章还暗指威尔逊阻止皇家空军的飞机前往接送熊猫，“怕此举会对保守党的选情产生有利影响”。这对熊猫，公的叫佳佳，母的叫晶晶，如期在9月中旬抵达英国，也在伦敦动物园受到了泰德·希思与媒体的盛大欢迎，但威尔逊还是在10月中旬的大选中取得了最后胜利。

不过就如同威尔逊在20世纪60年代第一任任期内将姬姬送往莫斯科的磋商协议中产生的不顺遂一样，佳佳与晶晶也造成了政治风暴。1974年11月时，伦敦动物学会的索利·朱克曼联系威尔逊并向他说明：“熊猫身为英国与中国政府友谊的代表，它们所需的开支也会很可观。”[37] 朱克曼礼貌性地点出政府有责任寻求一些资金，来维持这对新获赠的礼品的各种开销。威尔逊将这个烫手山芋丢给外交大臣詹姆斯·卡拉汉（James Callaghan），后者又把它丢给议会副大臣戈伦韦·欧文·戈伦韦－罗伯茨（Goronwy Owen Goronwy-Roberts）。戈伦韦－罗伯茨前往摄政公园收集信息之后，报告说朱克曼需要7万英镑的经费，用来兴建一座先进而时髦的熊猫馆。戈伦韦－罗伯茨建议卡拉汉：“我强烈认为我们应该有一座熊猫馆。”如果拒绝，中方一定会认为我们“刻意冷落”熊猫，并且媒体也可能会以“杀伤力极大”的标题来进行报道。[38] 戈伦韦－罗伯茨预言“媒体将会大做文章”，炒作诸如“政府放任熊猫无家可归”之类的耸人听闻的话题。

但是，在景气不振之际，威尔逊政府要从哪里找出可用的金额呢？这真是个难题。外交部指出它的预算必须用于国外，借此来逃避责任。环境部也已经编列了大约70万英镑用于修建动物园的新建筑。戈伦韦－罗伯茨无法再从政府预算中挤出一点儿的金额，只能和缓地告诉朱克曼这个令人失望的消息。但结果却令威尔逊松了一口气，没办法提供熊猫庇荫之所，并没有引发戈伦韦－罗伯茨所预见的外交事件。

毫无意外地，两岁大的佳佳与晶晶果然在英国民众中造成巨大轰动。但是当它们终于搬进动物园为它们准备的新家时，熊猫之间的角力平衡已经出现了明显的变化。伦敦动物园已不再是中国以外拥有最受欢迎的熊猫的地方。姬姬的灵魂仿佛在死后漂洋过海，带着名声与财富来到了大西洋的彼岸。

接下来的二十年内，一支不可小觑的熊猫生力军，俨然在华盛顿特区的国家动物园里成形。也是在这里，科学家开始展开保护大熊猫的努力。

第三部
大熊猫的保护工作

第九章

尼克松的礼物

乒乓球和熊猫有何共同之处？两者都是中国与西方在20世纪70年代之后新的友好关系的象征。

1971年初，日本正筹办第三十一届世界乒乓球锦标赛时，传出了中国也将组团参加的消息。这可是大新闻，因为前两届锦标赛中方都由于国内运动而无法参与。为了彰显他们回归世界乒坛的决定，中国政府还向当时的几个乒乓球强国，包括英国、加拿大与哥伦比亚，发出邀请函，询问他们是否愿意在离开日本回国前，进行另一场比赛。邀请函也寄给了一向跟乒乓奖牌无缘的美国，这传递出的信息非常明显。中国绝对不只是想在球场上来来回回地拍打这种轻飘飘不起眼的小球而已。中国想利用乒乓球回到世界的舞台上。

理查德·尼克松（Richard Nixon）在1969年当选为美国第三十七届总统，这是中美“冷战”紧张形势可能出现缓和变化的第一个迹象。1970年1月，两国大使开始展开会谈，次年4月美国乒乓球代表队抵达北京，成为二十多年第一批踏上中国首都的美国运动员代表队。乒乓球促成了两国冰冻关系的融解，这成为著名的

“乒乓外交”，而就在几个月之后，周恩来总理邀请尼克松前往中国访问。尼克松在接受邀请时告诉美国民众，“如果不与中华人民共和国及其 7.5 亿人民为友，将难以维系稳固而持久的和平”[1]。大约六个月后的 1972 年 2 月，他成为第一位踏上中国国土的美国总统。

在尼克松忙着与毛泽东还有周恩来会面的时候，他的妻子帕特（Pat）则在北京四处游览。北京动物园里爱玩耍的熊猫显然让她大感兴趣，中国东道主也注意到了这一点。因为当尼克松总统启程返回华盛顿时，中国方面通知他，中国将赠送一对熊猫给美国民众，以纪念这次历史性的访问。此举有助于让美国民众相信，改善与中国的关系并无害处。尼克松拨了通电话给《华盛顿明星报》（*Washington Star*）的编辑，允许他们爆料两只熊猫将会抵达国家动物园的独家消息。当天稍晚时，他对妻子说：“这个消息一定会造成轰动。”[2]

即使在那时候，尼克松自己也不知道这将是一个多么大的话题。这个话题不仅有关两只动物，也不仅有关时隔三十年才再次出现在美国的大熊猫，它还与国际政治密切相关。自 1941 年蒋介石

毛泽东于 1972 年 1 月 29 日与尼克松握手。尼克松的中国之旅标志着中美两国“冷战”关系的结束，同时，毛泽东送给美国民众的两只熊猫也成为新的友谊关系的象征

送给美国民众潘弟与潘达后，中国又陆续以此种外交方式送出了二十只以上的熊猫。我们之前已经听过平平与安安北抵莫斯科的故事，还有取代姬姬在伦敦地位的佳佳与晶晶。还有几只到了朝鲜，几只到了日本，其他则飞到了法国、德国、墨西哥与西班牙。不过兴兴与玲玲是这些政治动物中最著名的一对。

历史上不乏以动物作为礼物，以巩固个人之间、家族之间、氏族之间与国家之间关系的例子。珍奇异兽可能会具有出乎意料的效果。据传埃及的一位苏丹为了向佛罗伦萨富有的美第奇家族寻求军事协助，在 1486 年时将一只长颈鹿送给他们。这只动物抵达佛罗伦萨时，造成港口一片混乱，据说有好几位画家将这件事呈现在他们的画作中。尽管这只动物的新主人们争先前来观看，它却一下子就魂归西天，因为它的脖子被兽栏顶部的笼子卡住了。

类似的例子还包括一只于 1515 年 5 月抵达里斯本的印度犀牛。那一年晚些时候，国王曼努埃尔一世想把这只野兽运到罗马，送给教皇利奥十世，以争取他对葡萄牙扩展远东殖民事业的支持。阿尔布雷希特·丢勒（Albrecht Dürer）就是在亲眼观察了这只带有铠甲的野兽之后，才制作出了著名的犀牛木版画。不过这只动物一样时运不济，在前往罗马的途中发生海难，没有摆脱横死的命运。

相对而言，图伊·马里拉（Tu'i Malila）可就长寿多了。这只马达加斯加射纹龟是英国探险家詹姆斯·库克（James Cook）于 1777 年送给汤加王室的，被公认为是记载中寿命最长的动物。英国女王伊丽莎白二世在 1953 年前往该群岛进行王室访问时，它还是首批前往迎接的代表之一，且它在十年之后才以 188 岁的高寿与世长辞。

虽然近年来这种行为的次数已经减少，但中国仍然持续而巧妙地利用了其饲养的熊猫。1999 年，英国将香港主权交还中国之后没几年，北京就赠送给香港特区一对熊猫安安与佳佳，而为了纪念香港回归中国十周年，北京又赠送了另外一对熊猫盈盈与乐乐。2008 年，经过先前的几次交涉，台湾终于接受了北京赠送的熊猫。这对熊猫的名字叫作团团和圆圆，明显带有“回归”的意味，在台湾引发了一场激烈的争论。不过我们还是回归正题，讨论其中最著名的两位——兴兴与玲玲。

1972 年，这对尼克松带来的熊猫来到华盛顿之后，首都热闹得就好像选举季快到了一样。国家动物园的电话没有停过，每天收到的信件让邮件袋满得几乎撑破。该动物园的新闻发言人西比尔·哈姆雷特（Sibyl Hamlet）原本就已经要负责处理多项任务，现在又得处理临时增加的工作。当她一封一封地拆阅来信时，逐渐发现了它们的共同主题。大众最想知道的就是这两只熊猫的名字会是什么。由于正式的名字还没有宣布，好几个记者都提出了他们的建议。一位来自玛丽蒙特学院（Marymount College）的谢泼德（G. D. Shepherd）小姐提议叫它们乒（Ping）与乓（Pong）[3]。这一文字游戏其他人也曾想过。一位名为埃默里·莫尔纳（Emery Molnar）的女士写道：“我觉得对这两只熊猫来说，这是再适合不过的名字了，因为乒乓球，我们才会到中国去，而且这名字听起来就像中文。这名字听起来好可爱，让人不禁莞尔——我觉得每个人应该都会觉得这名字既可爱又非常恰当。”[4] 李文村（Wen-Tsuen Lee）夫妇在写给总统的信中也觉得乒与乓是“很棒的名字”，不过建议应该要叫作乒乒与乓乓，因为叠音词听起来更加亲密。“譬如，我们的小女儿名字叫作玲，但是我们在家里都会叫她玲玲。”[5]

哈姆雷特草拟了一封寄给这些热情民众的回函模板。她在其中写道：“虽然我们目前还无法确定这两只熊猫的名字会是什么，不过我们知道它们已经有了中文名字，跟其他人工饲养的熊猫一样。我们不打算给它们换名字，而会继续以它们在中国已经取好的名字来称呼它们。”[6] 动物园最后宣布它们的名字——公熊猫叫作兴兴，母的叫作玲玲，可以想象那位女儿李玲会有多么兴奋。

当时担任史密森研究基金会公共事务部主任的卡尔·拉森（Carl W. Larsen）还寄了一张鼓励的便笺给哈姆雷特。其中写道：“从我们的角度看，我们觉得你提供给媒体的信息既公正又谨慎，且充满了诱惑与吸引力，尤其这种事情极为敏感又容易流于主观。”[7] 哈姆雷特发现连同便笺送来的还有一颗小糖果。拉森解释说：“因为你的杰出表现，我附上一颗中国糖果，作为一个小小的奖赏。”

在动物园的其他部门，职员们也忙着筹备欢迎新成员的工作。在《华盛顿明星报》首先刊载熊猫即将来到国家动物园的消息不久之后，园长西奥多·里德（Theodore H. Reed）就制订了九条熊猫计划[8]，在动物园内部传阅。其中一条是派一位员工前往图书馆了解有关这个物种的各项知识。另一位员工则开始寻找竹子的来源。还有另一位则打电话给各大西方动物园，询问有关熊猫饲养的经验。其他还包括熊猫短期安置的计划，以及采用白犀牛现有的兽栏加以扩大，作为熊猫长期居住场所的计划。虽然对员工来说会产生一些额外要求，但里德很清楚熊猫可以为动物园带来多大的利益。他在便笺上断言：“熊猫的展出应会十分热闹，民众一定会捧场，以科学的角度来看，获利也属必然。这将会为史密森研究基金会带来知名度，让大众对本会的好感倍增。”

在全国民众的引颈企盼之下，这两只熊猫终于搭飞机于 1972 年 4 月降落美国。它们从北京经巴黎飞来，坐在隔离式的金属运输笼内，由四位中国官员陪伴。具有讽刺意味的是，这两只熊猫是在杜勒斯国际机场入境的，这个名称是为了纪念曾任国务卿的约翰·福斯特·杜勒斯，而他曾在1958年阻止姬姬前往布鲁克菲尔德动物园。他在九泉之下一定也颇有感慨。

几天之后的4月20日，国家动物园就开放这两只动物供大众参观。这一天也被称为“熊猫日”，动物园在开幕时举办了一场记者招待会，参加的贵宾包括尼克松夫人、一同前来的四位中国官员，以及一位世界野生动物基金会的代表。尼克松夫人获赠一个该会标志的勋章、一张以这两只熊猫为主角的相片，以及一本熊猫相簿。她在当天告诉总统：“那里到处都是人。简直是人山人海。”[9]一点也没错。熊猫日当天有超过两万名民众来到动物园，入园人数超过去年同日的两倍。而且经过4月20日记者发布会的报道之后，周末来了更多的群众。在第一个星期天，大约七万五千名群众涌向动物园，造成周围的交通大堵塞，车潮绵延到宪法大道（Constitution Avenue）。长江后浪推前浪，虽然伦敦动物园的姬姬当时还活着，但它风靡一世的光环现在已经漂洋过海，从欧洲来到了美国。兴兴与玲玲现在可以说是西方最热门的熊猫，若到了华盛顿，却没有进动物园一睹它们的芳姿，整个行程仿佛就会有缺憾。

除此之外，对于它们的研究使得人工饲养熊猫的繁殖取得了革命性的进展，并且形成了一个标准模式，此后对于人工饲养濒危动物的研究都以此为范本，而且其研究成果也可应用于野生动物。

不管用什么道德理由来反对动物园，都不能否认它们为我们提供了亲近野生动物的最简便的机会，这是动物学家几百年来都必须小心翼翼才能做到的事。法国的弗雷德里克·居维叶（也就是在1825年将红熊猫或小熊猫介绍给全世界的人）是首批利用人工饲养的动物来增进我们对自然界了解程度的动物学家之一。1804年时，他接任巴黎植物园附属动物展览馆馆长的职位，这时他对动物馆的前景就已经有所规划。他写道："截至目前，所有的动物园都被认为是浪费公帑的机构，没有什么用处。"[10] 不会再这样了。因为居维叶正要展开动物行为的研究。

这座动物园是法国大革命的意外产物，在居维叶接任馆长十年之前才刚刚成立。1793 年底，法国国王路易十六走上断头台后没几个月，巴黎警方开始取缔在街头展出奇特动物以牟取暴利的街头艺人。出于公众安全的考虑，警方接获命令，必须没收这些哗众取宠的野兽，并将它们带往巴黎植物园。才一天的时间，他们就已经查获一只北极熊、一只豹、一只麝猫还有一只猴子，这让巴黎博物馆的博物学家非常惊讶，于是连忙雇用两名管理员，盖了一些兽栏，将这些动物关入不见天日的空马车车库里。次年春天，动物的数量继续增加，从今天的凡尔赛皇家动物园来了一只狮子、一只南非斑马、一只非洲捻角羚以及其他十几只奇特动物。

此时动物园变成了一个观光胜地，不过居维叶于 1804 年接任之后，就转而以研究动物为己任。他挥舞着鹅毛笔，写下："目前为止，我还没写下什么记录，看过的文献太少，要做的事太多。"[11] 在此后的将近三十年间，居维叶进行了不少杰出的独创性研究，包括红毛猩猩的本能、海豹的智力、独居对海狸的影响等，这些还只是略举其中几项而已。他也开始认真思考如何增进动物的福利，调配适合它们的饮食，并且尽量减少它们所受的痛苦。

居维叶的作为远远超越他的时代。虽然已有其他人也开始了动物研究（譬如经常前往伦敦动物园观察动物的查尔斯·达尔文），但正式的科学研究在不久之前才变成动物园的严肃课题。

对于人工饲养熊猫的长期研究还很少，直到兴兴与玲玲在

1972 年 4 月中旬抵达华盛顿后，一切才有了改观。在同一星期，机缘巧合之下，国家动物园除了熊猫之外，还有一位新成员加入，她就是德夫拉·克莱曼（Devra Kleiman），这位由伦敦动物园过来的年轻动物学家曾在 1967 年时投入姬姬与安安的交配工作。熊猫仿佛一直尾随着她。克莱曼说："兴兴与玲玲到动物园的时候，我还刻意避开它们。第一，政治性太强；第二，我主要的兴趣并非与熊猫有关。"[12]

然而，接下来的几个月内，克莱曼开始从远处观察熊猫，不到一年，她就开始认真地研究它们。她开始制作一个监测与记录熊猫活动与基本行为的系统。这个系统相当重要。如果不知道动物可能会在何时、何种环境下有什么举动，那就绝对无法知道它们的特殊行为有什么意义。譬如，1974 年时，动物园员工就是每天依照既定计划，进行详细的观察，才发现玲玲出现了明显的发情现象。克莱曼说，这完全让我们感到意外，因为我们以为这只母熊猫不过三岁半。但现在我们知道，这个年龄比一般熊猫出现性成熟的年龄早了整整一年。

在这两只熊猫来到动物园的一年之内，民众一直来信询问它们什么时候会被送到一起，什么时候会生出小宝贝。令人气馁的是，虽然民众有这样的盼望，但熊猫通常只在每年春天才会发情一次。除此之外，发情期只维持几天而已，不会再多。1974 年 4 月底的时候，动物园得到了玲玲发出的信号，首次将这两只熊猫配对。不过兴兴没办法完成任务，这让记者又有调侃的空间。譬如，《棕榈滩邮报》（*Palm Beach Post*）的标题就是《动物园的熊猫竟然性冷淡》[13]。动物园园长西奥多·里德对这则报道感到沮丧："美国媒体还是具有那么低俗的品位，进行那么粗鄙的报道，真是让我感到惊讶。"[14]

尽管媒体以玩笑视之，大众还是持续寄来更多的信件。有些信件的内容很简洁。有些则采取故弄玄虚的方法，想诈骗动物园，例如以下这封巴彻尔德股份有限公司（Batchelder & Associates）的乔舒亚·巴彻尔德（Joshua H. Batchelder）在1974年5月写来的信："对于贵园熊猫遭遇的问题，我们觉得我们有可行的解决方法。"[15]他没有详细说明解决方法是什么，但保证方法一定有效，否则巴彻尔德公司不会跟动物园要求任何回报。巴彻尔德在信中说："如果方法奏效，我们想要一个四人成行、为期一周的动物园免费参观之旅。请告诉我们你们意下如何。"

动物园员工也得忙着接听热心提供帮助的民众打来的电话。譬如，1975年春天，在另一次发情期又徒劳无功之后，里德接到某家水床公司的代表汤姆·奥布拉德维奇（Tom O'Bradervitch）的电话。里德高兴地在便笺上告诉员工这件事："他们要提供一张帆布水床给玲玲和兴兴。"[16]他礼貌地回绝了他们的好意。他写道："我觉得他的主意不错，只不过这两只动物很会破坏，那张床应该撑不了多久。这是熊猫令人难忘的疯狂事迹中，另一个奇妙的插曲。"不过里德所承受的压力开始表露，他公开表示，希望能把握下次的机会，也就是1976年的发情期，一举获得熊猫宝宝，也刚好可以赶上美国独立两百周年纪念。

这个期望实在太难达成。事情的发展不尽如人意，玲玲发情期接近结束时，人们才把这两只熊猫关在一起。里德气炸了。克莱曼提出了解释，玲玲的发情期比前一年早了好几个星期。为了消解他的怒气，她留了一张便笺给她的上司："这点出乎我的意料（我想其他人也一样）。"[17]她以为只要遵照行之已久的工作程序，在众多志愿者随时的观察之下，玲玲行为的任何改变绝对逃不过他们的眼睛，对这一点她很自信，太过自信了。她对里德说："我的应变能力不足，采取了过于保守的措施。我想也不用多说什么，我必须道歉。”

尽管此次的期望被挫败，克莱曼还是继续推动更多的基础研究，在几年之内，她开始为饲养熊猫的人工管理写下新篇章。1979年，她在管理员一长串的工作清单上，又多加了一项恶臭难闻的任务。每天早上，他们必须分别进入两只熊猫的兽笼，带着塑料吸液管，收集地面上的尿液。这些尿液样本经过冰冻之后，可以储存起来以供后续分析。其主要用意是要借由熊猫尿液中激素浓度的逐日变化，更精确地预测玲玲发情期的开始时间。

虽然样本量不多，而且也只根据这两只动物两年时间内的资料，结果却透露出浓厚的希望。玲玲在发情期进入高峰后，尿液中雌性激素分解物的含量会陡然上升。兴兴可以轻易地察觉出这种现象，因为它尿液中的雄激素衍生物在次日也会突然增加。之后两只熊猫就会交配。克莱曼和她的同事在其发表在《生殖与受孕杂志》（*Journal of Reproduction and Fertility*）的文章中得出结论：“借助监控母熊猫雌性激素的分泌，或许可以成功侦测出其受孕期。”[18]

除此之外，玲玲在发情期来临时，咩咩叫的频率会明显上升。

1982年动物学家德夫拉·克莱曼与玲玲一同出现在史密森基金会的国家动物园中

这种观察方法简单易行，因为熊猫在每年的大部分时间都不太会发出声音，其沟通主要是靠嗅觉而非听觉（这一点我们后续会再行讨论）。克莱曼认为声音的细微变化或许也是受孕期来临的另一种征兆。因此，她与一位崭露头角的德国科学家——熊类发声专家古斯塔夫·彼得斯（Gustav Peters）取得了联系。

彼得斯带着便携的盘式录音机，在熊猫繁殖期间录下了它们的叫声。这并非是一个全新的科学领域，因为德斯蒙德·莫里斯早在1963年姬姬发情的时候，就曾成功录得它的叫声。莫里斯在《人与熊猫》一书中回忆道："它当时经常发出叫声，其实只要看到在它在卧铺上，打开兽栏的门，拿着麦克风对着它，就可以录到它持续不断的叫声。"[19] 不过他录制这些声音的理由，或许有助于解答熊猫在生命之树上究竟属何位置。"如果也取得了红熊猫与其他熊科和浣熊科动物的录音数据，也许通过仔细检视不同类型的声音，获得一些有关亲缘关系的线索。"

彼得斯也很有兴趣知道比之于他研究过的其他肉食动物，熊猫的叫声有何特殊之处。不过他的首要目标还是取得熊猫叫声的完整记录。彼得斯说："有机会可以研究这种目前我们所知甚少的动物，是一件让人很振奋的事。"[20] 熊猫的知名度不但没有阻碍他的工作，反而对他有所帮助，因为动物园员工会为他提供收集数据所需的所有便利。他离开的时候，对于大熊猫的叫声已经有了第一手的资料——紧张时牙齿咯咯作响并拍击嘴唇，不安时大声吼叫，面临危险时则是低吼。[21] 重要的是，其中包含了一组非常独特的叫声——主要是短促、尖锐的咩咩与唧唧声——这是玲玲在发情期接近时所发出的声音。兴兴也会发出自己独特的响声来回应。这与定期进行的激素分析结果一致，都是察觉熊猫已有思春迹象的好方法。

大约也是在这个时候，动物园决定在发情期之外，也要把这两只熊猫关在一起。中国专家并不建议这样做。克莱曼说："当我们把它们关在一起的时候，它们大部分的时间都在试着怎么互动。"[22]不过经过两次在不同场合的相聚之后，这两只熊猫已经熟悉起来，等到交配季节到的时候，它们的关系似乎更融洽。

没隔多久，观察熊猫的行为与叫声，也成为间接判断它们在兽栏里是否觉得舒适的方法。一直到20世纪80年代初以前，为熊猫特别建造的展览馆，其内部设施其实不多，只有少数几处可让熊猫攀爬的地方，而且没有可以躲藏的地方，有点像是克莱曼说的，"跟高尔夫球场差不多，到处都是青草地，却很少有遮阴处"。克莱曼有心要让人工饲养动物生活得更快乐，特别注意加以改善。因此在玲玲与兴兴的兽栏进行大修的时候，为了营造出更加类似天然栖息地的场所，动物园增加了许多可以让它们攀爬、栖息与躲藏的设施。克莱曼比较了重修前后熊猫的叫声与活动情况。她说道："情况改变很多。经过记录，我发觉攻击与威吓的叫声频率减少了，这两只熊猫也变得更喜欢在一起玩了。"

不过即使这两只熊猫的互动情况变好了，动物园会在适当时刻让它们配对，又提供了更天然的环境，但动物园还是一直在想办法帮助兴兴和玲玲完成临门一脚。

好几年以前，国家动物园的科学家就提出研究取得兴兴精液的可行性。虽然它看起来很健康，科学家还是想确定它的睾丸没有问题。只要成功采集到精液并加以冷冻，就可以在适当的时机将精液注入玲玲体内。

人工授精现在已经非常普遍了，但是在20世纪70年代末，这项技术很少有人听过。从那时候起的三十年间，国家动物园的科学家研究过许多濒危动物——黑足鼬、大象与苏门答腊虎——尝试找出取得它们精液的最佳方法。这当中波折不断。当时与克莱曼一起共事照顾尼克松熊猫，现任动物园物种存续中心主任的戴维·维尔特（David Wildt）说："我们的取精目标虽然不会置人于死地，但也是极其危险的动物。"[23] 对于这种动物，根本不可能采取人工采精的方式。不过还有其他方式，譬如提供人工阴道给雄性，或者在交媾前将阴道保险套塞在雌性体内。但如果这些方法都激不起雄性的兴趣，就只能采用电激取精。

但是得小心为之。因为电激取精得先将雄性动物全身麻醉，再将一根电极线插入直肠，然后慢慢增加电压。这些步骤可能会让动物受伤，有时还会致命，特别是当此动物是该物种中第一个接受这种程序的动物时。在中国，科学家已经开始针对熊猫进行电激取精与人工采精的实验。虽说如此，但北京动物园在 1963 年以自然交配的方法一举喜获明明的经验却是难以复制。此后，中国开始加快研究脚步，逐渐将重点转向人工授精，以增加生育率。1978 年，他们取得了不错的研究成果，北京动物园以人工授精的方式，首次获得一只熊猫幼崽。尽管中美因赠送尼克松熊猫在 1972 年建立了友好关系，但中国人工授精计划的详情却并不对外公开，美方得自行设法找出可行的方式。

戴维·维尔特为了让事情更顺利，向得州农工大学的电激取精专家小卡罗尔·普拉茨（Carroll Platz Jr.）寻求协助。他们之前就有好几次合作的经验，几年前就曾成功取得一只低地大猩猩的精子。他们将适量的麻醉剂注射在 109 公斤重的兴兴身上，然后将它翻身朝上，用生理食盐水清洗它的阴茎。在取出直肠探针前，他们先用测微计测量了兴兴睾丸的大小；测量睾丸的尺寸是一种快速而不严谨的方法，但可以迅速知道兴兴产生精液的机制有没有严重的问题。一切看来都不错，它的睾丸很健康。于是在两年之内，他们进行了四次电激取精，取得了不少可用的精液。而且将兴兴精子冷冻与解冻的工作也十分成功。维尔特的团队在《生殖与受孕杂志》发表的文章中得出结论："标准的电激取精程序，可以持续有效地在大熊猫身上施行，不会危及它的健康。"[24] 在完成了激素分析，随时注意繁殖期来临前的熊猫叫声，并已经有存放在液态氮中的精液可供使用之后，动物园开始了下一阶段的工作，也就是准备让玲玲人工受孕。不过，每当科学领域出现重大突破时，免不了总会有一些挫折。

1980 年的第一次人工受孕的实施时间过晚，结果不尽如人意。第二年伦敦动物园出借的公熊猫佳佳前来访问。截至当时，玲玲与兴兴都没有真正交配过，动物园希望佳佳会是玲玲更合适的伴侣。结果它并不是那位白马王子。它们初次相遇就打得难分难解。克莱曼在动物园的园讯刊物《虎言虎语》(*Tigertalk*) 发表的文章中说："这一对恋人'完全不来电'，玲玲受到严重的伤害，我们得暂时让它与兴兴隔离，先不考虑人工受孕的事情。"[25] 它们还得再等一年。

佳佳在回到伦敦之前，华盛顿动物园也为它进行了电激取精，并将它的精液冷冻起来。玲玲于 1982 年发情时，也采用其中的一些精液让它受孕，结果玲玲产生了怀孕的迹象；它开始构筑巢穴，而且整个秋天都可以看到它抱着苹果和胡萝卜，好像在哺育幼崽一样。但事与愿违，玲玲其实只是"假怀孕"，也就是在没有真正怀孕的情况下，却有怀孕的行为与生理迹象。虽然如此，喜爱熊猫的科学家与管理员在 1983 年时再接再厉。玲玲于 3 月开始发情时，大家都屏息以待。在兴兴与玲玲来到动物园十年之后，克莱曼和一位观察志愿者终于看到它们首次进行交配，不过过程十分短暂。因此动物园又采用了一些佳佳解冻后的精子，为玲玲额外进行人工受孕。7 月的时候，玲玲又出现怀孕的征兆，这次人们是从激素之中看出了端倪。

除了雌性激素之外，克莱曼和她的同事也开始研究黄体酮的变化。大部分的哺乳动物在排卵之后，黄体酮（有些人也称为孕酮）的浓度会上升，表示子宫已做好准备，可以接受胚胎着床。一旦真的着床之后，在怀孕期间，黄体酮会一直维持高浓度。如果没有怀孕，浓度则会下降。[26] 但是熊猫却与一般的哺乳动物不同。它们的黄体酮浓度要在排卵几个月后才会上升。这是因为熊猫可以“延迟着床”，胚胎可以保持冬眠状态，时长不定。对于一些特别极端的物种，受孕与着床之间的时间差可以长达一年或一年以上。就熊猫而言，通常要等三四个月，黄体酮浓度才会开始上升，这大概就是胚胎着床的时间点。经过一两个星期之后，利用超声波扫描，就可以发现胚胎，而再过几个星期，胎儿会正式成形。这表示胚胎在四个星期之后才开始在母体内发育。

因此当 1983 年 7 月玲玲的黄体酮浓度上升且维持在高浓度时，动物园的人都相当兴奋。虽然中国之外也有一些地方人工饲养的熊猫已经成功产下存活的幼崽，如墨西哥城与马德里，但是美国还没有产下熊猫幼崽的记录。不过，黄体酮浓度的升高也不一定保证真正就怀孕了，如前一年发生的“假怀孕”现象。从 7 月 11 日开始，动物园的员工与志愿者开始二十四小时监控玲玲在闭路电视上的一举一动。

在 7 月 20 日下午，玲玲开始在兽栏的一个角落里用竹子建造巢穴。大约在晚上七点之后，它开始舔舐它双腿接合的地方，动作一直很不安，一直到次日清晨三点十八分，它终于产下了熊猫幼崽。管理员芭芭拉·宾厄姆（Barbara Bingham）与动物收养经理贝丝·弗兰克（Bess Frank）紧张地看着熊猫幼崽是否会动。一分钟过去了，然后是两分钟。弗兰克很不情愿地拿起电话，拨通了克莱

熊猫的胚胎在体内发育不完全，因此幼崽很小，养育起来十分艰辛

曼的号码，告诉她这个不幸的消息。不过她放下话筒后没过几秒，玲玲就轻轻地推着一动也不动的宝宝，然后它小小的胸膛开始出现起伏。欣喜若狂之下，她赶紧又拨了电话给克莱曼。弗兰克在《虎言虎语》中写道："那一天清晨的时光实在太美妙了。"[27] 玲玲的一举一动都有模范妈妈的样子，包括舔舐幼崽以及把它抱在怀中的行为。但是在早上六点三十分左右，熊猫幼崽在没有什么明显的前兆下，不幸地突然停止了呼吸。

这时其他人纷纷抵达，逐渐增加的人们看着玲玲仍然继续舔着小熊猫，整天抱着它瘫软的粉红色身躯，都不禁潸然泪下。即使在当天晚上，员工试着将它们分开后，玲玲还捡起一个苹果，抱在怀里摇了好几天。验尸报告指出幼崽死亡的原因是在子宫时就已经感染了支气管肺炎。

在临时举行的记者会中，动物园代理园长克里森·韦默（Christen Wemmer）强忍着悲伤振作起精神。他告诉闻风而来的一大群记者："希望越大，失望往往也越大。我们没能保住熊猫幼崽，但我们也知道了玲玲可以怀孕，也可以正常生下小宝宝。我们只差那么一点点就可以成功繁殖出熊猫的下一代。”[28] 底下，记笔记的声音此起彼伏。维尔特积极地看待此次的挫败，继续将重心转向下一个繁殖季。“我们并没有气馁，而且相信方法并没有错，希望明年产下的幼崽可以存活到成年。”

1984 年，这个希望又因为一只胎死腹中的幼崽遭到粉碎。1987 年生下的双胞胎也没能活多久。兴兴与玲玲在 1989 年产下的最后一只小宝贝，也跟它们的头一胎一样，在接触外面的世界没多久之后，便死于肺炎。

媒体自然不会放过这些挫败。继姬姬与安安相当受人瞩目的繁殖失败之后，玲玲与兴兴又无法繁衍子孙，这让西方世界相信大熊猫是对性事毫无兴致的物种。更糟的是，熊猫的形象也大打折扣，备受推崇的演化生物学家斯蒂芬·古尔德（Stephen J. Gould）以熊猫的“大拇指”为例，说明他认为自然界中普遍存在的非最适设计。[29] 1978 年，他在一篇极具影响力的，发表于《博物学》杂志的文章中描写了自己前往国家动物园拜访的情景，他带着“三分敬意”看着尼克松熊猫，它们前掌的特殊构造一直萦绕在他的心中。他写道：

> 熊猫真正的大拇指另有其他用途，这个功能太过专门，以致它的大拇指与其他四指平行并排，既无法握合，也无法灵活操纵。因此熊猫必须运用部分手掌，造成某块腕骨增大，这其实是有点笨拙但相当有用的解决方式。籽骨般的大拇指（sesamoid thumb）在生物界的工程技术比赛中算不上杰出的设计。

中国也努力想使熊猫自然交配，但 1983 年卧龙研究中心（全名为“中国保护大熊猫研究中心”）成立之后，却越来越依赖人工授精以生育熊猫幼崽。

不过现在的情况已经大有不同了。中国与其他国家的科学家，在兴兴与玲玲等熊猫所贡献的开拓性研究的基础上，已经有办法取得关于熊猫生理的一些有趣发现，这些发现大幅提高了熊猫的成功繁殖概率。不过在我们了解这些最新发展之前，应该先补足对野生熊猫研究的认识。

第十章
野外求生多艰辛

20 世纪 60 年代末，一些中国科学家组成了一个小队，进行野生熊猫数量的首次调查。他们前往中国第一片熊猫保护区——卧龙自然保护区，不过国内运动让这项工作戛然而止。到了 20 世纪 70 年代中期，大约有 3000 名工作人员参加了第一次全国调查，估计出在熊猫分布范围内（后面会再详述）的熊猫总数。不过要等到 20 世纪 80 年代初期，中国与世界野生动物基金会的合作计划展开时，才有科学家实际进行野生熊猫的研究。他们的研究重点是熊猫与竹子的关系。乔治·沙勒与他的同事在他们出版于 1985 年的《卧龙地区的大熊猫》（*The Giant Pandas of Wolong*）一书中说："每种动物的生存，实际上都取决于它们赖以维生的食物的充足程度、分布情况与营养价值。大熊猫对竹子的适应性如何呢？这是我们的报告所要解答的主要科学问题。"[1]

其中的某些基础工作并不需要熊猫的帮忙，而且与沙勒共同担任这项联合计划主持人的胡锦矗也已经拥有了一些基础研究成果。他已经在卧龙自然保护区各地设立了一些临时研究基地，而且也已经开始收集初步资料，譬如海拔 1000 米到 5000 米的植物分布、不同季节间的植被变化，以及熊猫在3000米左右的区域偏爱居住于亚高山针叶林的情况。

中国与世界野生动物基金会的合作计划以这些研究成果为基础，持续监控不同种类竹子的分布情况与生长速度，发现在同一年里这些数据就会有大幅的变动，有些竹子在生长最快的时间里，一天就可以拔高18厘米。他们首次针对不同地区的各种竹子进行营养分析，发现竹叶比竹茎或竹枝含有更多的蛋白质成分，而且箭竹属竹子（*Sinarundinaria*）的营养价值最高，在区域内该属竹子有多种。

他们也收集了熊猫与环境互动的信息。雪地里的足迹经过解读之后，可以让研究人员知道熊猫大致的活动路径，或许也可以判别它们的目的为何，不过并没有办法让他们分辨出不同的熊猫。熊猫四处采食竹子的证据，可以大约透露出它们在每年的特定时间里，偏爱食用竹子的哪些部分。

熊猫的粪便也是大有玄机，它除了是另一项熊猫进食偏好的证据外，也可以从中看出这种偏好随着时间的变化情况，以及熊猫从这种厚皮的食物中获取营养的能力。将粪便切开，观察其中残留的竹片，也可以知道熊猫的咬痕大小，这种方法有助于获知熊猫大概的种群数量。实际上，20世纪70年代进行的第一次大熊猫全国调查，就是采用这个方法。当时的调查人员估计，在卧龙这个占地达500平方公里的合适的栖息地环境里，熊猫的种群数量大约只有145只。

通过白天长时间的追踪，有时甚至横跨夜间，工作人员也开始了解熊猫神秘的社会生活。有时候，他们听到熊猫彼此沟通时发出的声响，经过录制之后，他们能分辨出十一种以上的独特叫声。这些声音与华盛顿国家动物园尼克松熊猫的录音资料若合符节。克莱曼也已经知道气味对熊猫来说非常重要。乔治·沙勒和他的中国同事不久也发现了相关证据，可以支持这种看法。1981 年 3 月，他们追踪一只熊猫直到一棵树下，并且闻到了树皮上残留的“微微酸味”。他们了解熊猫也有“气味站”[2]，也就是动物会前来扒挖，留下尿液与粪便的地方。沙勒与研究同事在《卧龙地区的大熊猫》一书中写道：“我们辨识出这种气味站的外观之后，就陆续发现了更多地点，它们大部分都分布在 2700 米以上。”当他们开始记录这些处所的位置及其形态时，其中的规律开始显现出来。他们一般都在海拔较高地区的针叶树下发现气味站，树干底部会因为便溺物而微微呈现黑色，树皮会被扒除，表面也会被摩擦得很平滑。这些气味站似乎位于熊猫走动频繁的地区，也就是“高山脊上的圆顶、低处的要道，以及伸向山谷的山陵线附近”。研究人员追踪了数只已知个体并观察它们留下记号的倾向之后，断定留下味道的大部分都

熊猫主要靠留在树干上的味道来沟通，动物学家乔治·沙勒正在思索如何利用此信息加深对这个物种的了解

是雄性熊猫，因为“许多树上都具有喷洒的痕迹”。

虽然知道这些记号的重要性，沙勒却被这种神秘的沟通方式搞得晕头转向。他在《最后的熊猫》中写道：“我要怎么才能理解熊猫的行为呢？它们来来去去地留下味道，空气中布满了重要的信息，然而我却察觉不出什么东西。”[3] 这还要等十多年后人工饲养熊猫的数量足够，且科学家开始进行一些非常巧妙的实验之后，人们才能弄懂熊猫的这个有趣的行为（参见第十一章）。

除了这个有用的背景信息之外，他们还需要观察更多的熊猫行为才能了解更多信息。因此 1981 年，胡锦矗与沙勒开始设置一些陷阱捕捉熊猫，以便为它们套上无线电项圈。为了让熊猫的捕捉、镇静、项圈佩戴与追踪更为顺利，沙勒向霍华德·奎格利（Howard Quigley）这位刚在美国田纳西大学完成硕士论文的年轻生物学家寻求协助。

1980 年奎格利在不经意间得知中国与世界野生动物基金会的熊猫计划即将展开的新闻，于是大胆写信给沙勒，毛遂自荐想参与这项活动。[4] 奎格利曾经研究过加州约塞米蒂国家公园以及田纳西州大雾山国家公园的黑熊，因此拥有非常宝贵的经验。“我接触过的黑熊大概有近两百头，并且我参与了它们的捕捉、麻醉与释放回野外等过程。”沙勒并没有回信给他，不过他也不觉得太意外。奎格利回忆道：“我只觉得像他地位这么高的人对于普通硕士生的来信，一定是见怪不怪了。”不过他没想到，1980 年底的一通电话，让他在来年年初就动身飞往了中国。

他们设置了两种形态的陷阱。一种是吊门式的木笼，在动物进入时门就会关住；另一种是埋在树叶底下的弹簧式绳圈，可以安全地绑住动物的腿部。他们把陷阱设在熊猫喜欢经过的地方，例如山脊边、熊猫经常走动的路边或是山谷谷底，里面放有引诱熊猫入彀的肉块。

没错，就是肉块。虽然熊猫的主食是竹子，它们对肉也有兴趣。[5] 阿尔芒·戴维雇用的当地猎人早就知之甚详。他们对戴维说，黑白熊主要嗜吃植物。不过戴维也曾记述："猎人说黑白熊在肉食面前也不会拒绝。"20 世纪 60 年代大熊猫远征队来到王朗时，村民对研究人员说，他们发现熊猫的胃里"有小型啮齿动物的骸骨"[6]。村民们主动提供的这种信息具有重大的意义，虽然他们翻查熊猫肠胃内残留食物的行为，说明了熊猫除了栖息地破坏之外，还必须面对其他类型的威胁。在中国－世界野生动物基金会合作计划进行期间，沙勒与胡锦矗也发现了这种偶尔为之的肉食行为，他们曾经在某只熊猫的粪便中找到金丝猴的毛发，在另外一只熊猫的粪便里找到麝鹿的毛发、骨头与蹄子。

因此这些科学家才会尝试利用熊猫的这种偏好，以羊头和猪骨作为陷阱的诱饵。但是数日、数星期接连过去，陷阱还是空无所获。后来，在 1981 年 3 月，一位中国野外工作人员在检查系绳陷阱后，兴奋地跑回来汇报。当他们抵达现场的时候，沙勒发现了以下情景：

> 一只熊猫的前掌被绳索绑住，窝在树根处。它的脚爪刮着树干，勇敢而孤独地努力挣脱束缚，在杜鹃花花期接近末了之际，这只温驯的动物以充满迷惑的双眼，看着自己不确定的未来。[7]

奎格利当时的年纪不过 20 岁，他成为第一位在野外向熊猫发射麻醉枪的人。他当然不是很有把握；虽然他饱读各种有关文献，也与国家动物园的专家请教过多年前为兴兴注射镇静剂的经验，而且到了卧龙之后，他还一次又一次地检查他的装备。他说："我在营地有时间的时候，都会按程序检查麻醉枪是否运作正常，确定枪镖头的药物装填没有问题。”不过再多的经验与背景研究，也无法让他在真正与一只脚被绑住的野生熊猫面对面时，完全施展开手脚。在沙勒看来，奎格利的模样很镇定。不过实情却并非如此。“我的心就像搅拌器一样，不停地翻腾，身体僵硬，犹如一个机器人。”[8]

他估算了一下这只熊猫的体型，然后从他的背包里取出适当剂量的舒泰（Telazol）填在枪镖头里，这种麻醉剂的药效比1964年施用在姬姬身上的要温和许多。虽然沙勒并非亲自装填药物的人，他在一旁也不安地看着，就好像当初姬姬身旁的伦敦动物园兽医奥利弗·格雷厄姆·约内斯一样。他们眼前的熊猫虽然年纪并没有很大，但“却是很稀有的国宝，要是它有什么意外，我们心中会永远留下阴影”[9]。奎格利收拾起紧张的情绪，专心地完成手边的任务。他把枪镖头装在一根镖棍上，慢慢地靠近熊猫，把它看作一只黑熊，然后发射枪镖头，刺进它的肩膀。熊猫倒下之后，研究人员

1981年3月，霍华德·奎格利与胡锦矗正在从龙龙身上收集资料，龙龙是中国－世界野生动物基金会联合计划中，第一只被捕获并麻醉的熊猫

立即测量它的体长、体重与性别，并且在绑上无线电项圈之前，为它做了一下身体检查。在大部分的工作都已完成，只等着熊猫苏醒时，奎格利有机会沉思了一会儿。一只熊猫，真正的熊猫就在他眼前，不是一个商标，不是一张照片，也不是一个怀中的玩具。他的手指抚摸着它刚硬的毛发，感觉它的体温与呼吸时身体的起伏。直到那一刻之前，熊猫对他来说，只存在人类的牢笼中。但在此刻，在他面前的却是一只真实的、具有生命的野生熊猫。“这真是一种独特的体验。”[10]

后来这个团队在卧龙地区又陆续捕获了六只熊猫，并为它们套上项圈。[11] 虽然这七只熊猫（两公、两母与三只幼崽）的数量太少，无法作为严肃科学研究的基础，但比起一只都没有来说，七只算是很多很多了，也足以让研究人员窥探野生熊猫的神秘世界，并在既有的背景信息下，改进我们对这种难以捉摸的动物的行为的认知。每只熊猫的领地范围似乎都相当狭小，大约是 5 平方公里。公熊猫似乎对领地范围更不在意，但是母熊猫就比较严谨，常常整天都待在领地内的某一个特定地区。研究人员追踪之后发现，熊猫每天移动的距离并不会太远，平均还不到 500 米。

除了知道熊猫不太爱移动的信息外，研究人员也对熊猫的行为有了更详细的了解。他们所使用的无线电发射器具有运动传感器，这在 20 世纪 80 年代算是非常高科技的玩意儿。熊猫睡着不动与醒着活动时，项圈会传送出不同的信号。他们发现每只熊猫的差异性相当显著，这可能与每只熊猫的性别、年龄、繁殖状况、个性、对天气的反应或其他多种因素有关。不过一般而言，卧龙地区熊猫的活动形态，对于大量取食低营养食物的动物来说，其实相当合理。令人吃惊的是它们每天的活动时间长达十四小时，高峰期在黎明破晓之前以及黄昏之后。它们活力最旺盛的时节是在春天，最不活跃的时候是夏天，但是它们从未囤积足够的脂肪用来冬眠。

借助追查个别的信号来源，研究人员也可以隐约得知熊猫这些相当温和的活动形态的内容是什么。他们发现熊猫有时在走动，有时忙着在树干上留下气味，有时热衷于摩擦树干、抓痒和舔舐身体各部位，熊猫爬到树上的情况则比较少见。研究人员还有一两次恰巧碰到熊猫好像是在玩游戏。从沙勒追踪的一只熊猫所遗留在雪地的痕迹看来，它似乎以肚子作为雪橇，一路滑下山坡。他写道："我多想亲眼看看这只熊猫如何寂寞地独自玩着这种冬季运动。"[12] 不过大部分的时间里，熊猫都忙着进食，抓着竹枝，用牙齿剥除坚硬的外皮，然后大口嚼着可食用的软竹芯。

然而 1983 年，卧龙与其他邛崃山脉沿线地区的某些竹属植物开始开花。这听起来颇具诗意，但是对熊猫来说，可不是什么好消息，中国 - 世界野生动物基金会的研究人员也有警觉。将近十年之前的 1975 年冬季，北边岷山地区的居民就曾反映看到死亡或濒死的熊猫。当地官员紧急呈报上级，消息很快就传到北京的林业部。北京方面立即做出果断的反应，召集当地官员与首都科学家，组织调查团，查明该地区出现的熊猫离奇死亡事件。历史学家埃琳娜·桑斯特指出："国家级的单位能够在早期就主动出击，并成立国家调查小组，查明熊猫不寻常且不断发生的死亡情况，证明了中国政府对大熊猫健康与存续的高度重视。"[13] 这支调查队伍对于熊猫死亡原因不久就有了结论：竹子的开花。

这对熊猫来说是一个大问题，因为竹子是终生只开花一次的植物，也就是在开花结果之后便会死亡。不只这样，竹子的习性还包括群聚开花，几乎每片山坡上各种竹子的竹枝都会一起绽放长长的花束，将花粉释放到风中，借此散播种子。由于我们无法将时光倒退，回到几百万年前，见证竹属植物的终生只结一次果的演化过程，我们只能猜测这种奇特的繁殖行为，必定是有利于产生后代。对此，有两派主要的学术看法。其中之一是20世纪70年代提出的“饱和假设说”，认为同时开花的策略，是为了以数量战胜采食种子的动物：如果每年只有少数几株竹子开花，它们美味的后代会在森林地面被捡食一空；但是如果全体都在同一年里开花结果，果实的数量过多之下，掠食者就无法吃尽所有的种子。大量开花的另一个假设是竹子过于密集的生长空间让后代难以找寻具有充足阳光与养分的立足之地；唯有老者已矣，年少者才有发展的空间。目前任职于宾夕法尼亚州立大学，于1984年曾参加中国－世界野生动物基金会合作计划，进行竹子相关研究的艾伦·泰勒（Alan Taylor）说：“还有其他更荒诞的假设，不过它们的可信度不足。”譬如“火烧周期假说”便认为竹林大片死亡的作用就好像闪电点燃野火一样，让土壤更加肥沃，下一代便有空间可以成长。泰勒说：“这种说法我一点也不买账。”[14]

在岷山案例中，至少有两种以上不同的竹科植物同时开花。在过去，熊猫大可应对这种异常情境，移居到山下未受影响的区域。事实上，它们似乎也采取了这种做法。但是，山下满是农田，没有竹林，这也可以解释为何该地区的村民会突然看到许多挨饿的熊猫。这些村民也想一同出力协助他们的国宝渡过难关。他们将发现的熊猫尸体交给有关单位，随后的验尸报告确定，熊猫的确是因为饥饿而死亡，它们本就不多的脂肪存量燃烧殆尽，胃里尽是水分。一般认为只有地震才会造成更严重的伤亡，在林业部的调查队伍提交的最终报告中，估计熊猫死亡总数达到138只。

中国政府引进了多项保护措施，对未来的熊猫保护产生了非常重要的影响。林业部坚持在某些特别敏感的区域必须停止砍伐，也更加严格地限制了熊猫栖息地内的狩猎行为。剥取熊猫遗骸的皮毛或破坏遗体，也会构成犯罪。任何违反行为会被处以多种惩罚——扣留薪资、停休与罚款等。

这场悲剧也衍生出另一个争议性更大的做法。当地的林业局鼓励民众拯救受饿但还没死去的熊猫，将它们带到饲养中心，让它们可以拥有充足的食物以及温暖与安全的环境。这在当时看来或许是个好主意，单纯出自一片好心，不过要让人工饲养的熊猫回归野外，听起来简单，却是极为困难的事情。不过当时还没有人知道这个后果，同样，也没有人会知道几年之后，在邻近卧龙的邛崃山脉地区，箭竹林会再出现开花的情况。

岷山的经验还历历在目，这次每个人都很果断地做出反应。邛崃地区的熊猫所面临的困境变成全国议题，不久之后全世界也加以关注。中国－世界野生动物基金会合作计划的研究人员担心熊猫这次面临的状况与岷山案例大不相同。乔治·沙勒在《最后的熊猫》中写道："我认为卧龙地区的熊猫可以度过竹林死亡的危机。如果援救行动包含情况并不危急的地区，不但对熊猫没有帮助，反而会对它们造成伤害。"[15]

后续对竹子的研究也显示熊猫有能力应付这种状况。虽然竹子同时开花可能是基因导致的，但也有某些竹子基于某种原因，并没有同时开花。中国－世界野生动物基金会合作计划的研究人员开始追查这些仍然活着的片状竹林带有何共通之处，他们发现海拔越高，坡度越陡，表土越薄，竹子就越不可能开花。生物学家艾伦·泰勒说："总的来说，局部环境压力下的严苛条件，会让基因时钟停止摆动。"[16] 套上无线电项圈的熊猫传回的证据显示它们有能力找到这些仍然欣欣向荣的孤岛竹林，而且可以高效地穿梭在这些竹林之间。这些动物开始花更多的时间啃食每根竹枝，它们明显了解在食物来源突然变得稀少时，必须珍惜每个可供食用的部分。当箭竹不够吃的时候，它们就在冬天往山下移动，采食另一种竹子——伞竹。[17]

中国－世界野生动物基金会合作计划的一位植物学家，因为太过担心成立“救援中心”的提议会带来反效果，采取了果断的措施。他的名字是潘文石，后来在20世纪野生熊猫的研究上，成为一方泰斗。他越过林业部，直接寄信给中国政府的一位极高层人士，提出警告，劝阻全面的救援行动。他后来写道：“我不认为把在野外自由游荡的熊猫抓起来关进笼子里是妥善的做法。我的看法是，这些动物最后的生存机会，无非是拥有一个更合适、更广大的栖息地。”[18] 但是对熊猫处境的忧虑就像海啸一般席卷整个中国与全世界，他的理智建议并没有人理会。

其中最为人熟知的行动是在美国，第一夫人南希·里根（Nancy Reagan）在1984年3月发起了“一分钱救猫熊”[19] 活动。她在一场在国家动物园举办的记者会中向记者表示：“我希望我们国家所有的儿童都来支持这个活动，捐出零用钱来帮助熊猫。”4月，她和丈夫一同飞往北京，里根女士将一张1.3万美元的支票交给林业部副部长董志勇。这场熊猫救援行动持续了好几年，如同岷山事件中一样，也有不少野外的熊猫被带回进行人工饲养。

人类援救熊猫的故事没能改善熊猫的公共形象。20世纪六七十年代大费周章但成就有限的人工饲养熊猫繁殖计划，让姬姬配对事件后出现的假定更加具有说服力，人们认为熊猫对性事缺乏兴趣。20世纪七八十年代的竹林枯死事件，在大举报道之下，更加深了大众对熊猫楚楚可怜形象的印象。人们认为熊猫是一种需要人类帮忙才能找到足够食物的动物。这也可以解释为何在西方熊猫会被视为是不适生存的物种，已经进入演化的死巷，最后免不了要绝种。

不过，曾经研究过野生熊猫的科学家几乎都不会认同这种看法。潘文石写道："我个人并不这样认为。"[20] 如果人类可以找到一个方法，让熊猫不受干扰，自过自的生活，它们会活得很好。

20 世纪 60 年代，正当保护运动在全球各地兴起时，中国也加入了这个行列，踏出了重要的一小步，开始着手保护野生熊猫。失败的"大跃进"运动对野生动物造成了极大伤害。民众因为太过饥饿，甚至把大熊猫也吞下肚，虽然熊猫肉素来就有难以下咽的传闻。埃琳娜·桑斯特查阅了中华人民共和国国务院在 1962 年 9 月 14 日下达给林业部的指示并加以翻译，内容显示国务院鼓励林业部保护中国最濒危的一些物种。国务院声明："野生动物是我国的一项巨大自然财富。每年不仅可以获得大量的野生动物肉类，还可以获得大量的野生动物皮毛和贵重的鹿茸、麝香。"[21]

林业部从那时起开始负责管理野生动物资源，并且保护十九种被列为"珍贵、稀有或特产的鸟兽"。在国务院的指示中，大熊猫名列第一位。其中说明："严禁猎捕，并在其主要栖息、繁殖地区，建立自然保护区，加以保护。"[22] 这个指示很快便促成了熊猫专门保护区的成立[23]，时至今日，类似的保护区已经达到六十个以上，涵盖的区域超过适宜栖息地面积的四分之三以上，受保护的动物数目为总数的一半以上。

不过尽管 1962 年颁布了捕猎禁令，成立了熊猫保护区，由于其他因素，熊猫的存活率还是不断降低。20 世纪 80 年代，中国法院审理了十几起熊猫盗猎与皮毛走私的案件，最后终于促使中国于 1989 年通过《野生动物保护法》。除了其他条款，此法律还包括经查获猎杀熊猫或走私熊猫皮毛，会被处以至少十年的刑期，严重者还可能被判处死刑。

根据经济学理论中的报酬递减法则，像熊猫之类的物种，在越来越难寻找的情况下，盗猎者会依照经济原则，转而猎捕更容易得手的物种。不过，这种理论当然忽略了人们物以稀为贵的心态，越稀有的东西人们会越想拥有，好几个研究也已经证实了稀缺性与价值之间具有紧密的关联。譬如，巴布亚新几内亚的村民与有钱的收藏家之间蝴蝶交易的价格机制反映出这种鳞翅目商品的稀缺程度。同样，白鲍鱼——一种大型的可食用海蛞蝓，生活于加州海岸，是当地的珍馐之一——的过度捕捞，已经造成其种群数目锐减了 99.99% 以上。然而价格的飙升，却让渔民更卖力地寻找剩余的、利润丰厚的 0.01%。

2006 年，研究人员制作了一个数学模型模仿这种情境，结论是稀缺度与价格的增加会使物种走向“灭绝恶性循环”。官方全面宣传的严厉处罚，吓退了大部分熊猫盗猎者，不过因为特殊人士愿意支付特殊价格买进熊猫皮毛，自然就会有一小部分亡命之徒愿意冒监禁或死刑的风险。1987—1998 年，中国有关部门共没收了 52 件熊猫毛皮[24]，这当然只占盗猎总数的一小部分。即使熊猫不被卷入灭绝恶性循环之中，它们也会因为猖狂的盗猎行为而陷入危险边缘。[25]

除了盗猎之外，林地在失败的“大跃进”运动之后，也不断地被开垦成农地。中国亟须开发农地[26]，看看 20 世纪 70 年代末期，中国耕地面积只有美国一半，但人口却有美国的五倍之多，这点也就不难理解了。很不幸地，政府要求中国民众执行的农业改革无论就短期还是长期而言，大多具有悲惨的后果。

1963 年 8 月，超乎寻常的暴雨几乎摧毁了山西省北部山区的小村落——大寨。不过村民们却坚强地面对家毁人亡的境况，决心重建家园。毛泽东利用这个事件宣扬自力更生的精神。不久，宣传大寨村民顽强生命力的新闻与宣传画就开始出现，鼓舞中国各地的农民学习“大寨精神”[27]，致力于改变山河的面貌。

历史学家朱迪斯·夏皮罗认为，试图以大寨模式解决整个中国的饥饿问题是一个行不通的办法，这让中国的野外环境荒芜一片，却没能增加物产丰富的土地面积。她在书中写道：“不管地形多崎岖，多么不适合耕作，也无视其他土地使用方式更具成效、更合适或更经得起时间考验，农民毅然决然地在大寨山边兴筑梯田，栽种作物。”[28]

夏皮罗在写书过程中曾经访问过成都大熊猫繁育研究基地的一位科学家，询问大寨运动对于熊猫栖息地的影响。这位不愿透露姓名的科学家回忆道，他小时候居住在四川南部的山丘旁，曾经在那里看到过熊猫，但是大寨模式的做法，却破坏了这些它们所剩不

1963 年的暴雨摧毁大寨赖以维生的良田之后，乡民们转而将山边的土地开辟成梯田。这种类似的宣传画激励中国农民群起效仿，造成大规模的森林破坏，使得熊猫栖息地更加支离破碎

多的栖息地。他说："我很清楚地记得我们砍伐了许多竹子与树木，修筑出大寨式的梯田，利用每寸土地来栽种谷物。那时没有人知道我们失去的东西有多重要。"[29]

自 20 世纪 70 年代中期至 20 世纪 90 年代中期的二十多年间，根据估计，熊猫的适宜栖息地有半数以上都遭到伐除。更糟的是，这些栖息地变得越来越支离破碎。沙勒在《最后的熊猫》中写道："我们在记录熊猫生活的时候，了解到这个物种所受的痛苦及其不断减少的数目，这点让我感到十分难过。"[30]

当世界野生动物基金会的会员、动物学家约翰·麦金农（John MacKinnon）于 1987 年抵达北京担任资深顾问的时候，他开始将基金会的熊猫事业从基础研究转向管理层面。当中国与基金会联合调查小组经过野外搜寻，提交第二份、可信度更高的熊猫数量调查报告之后，麦金农与几位中国同事便拟订了大熊猫及其栖息地的国家保护管理计划。[31] 他回忆道："这个计划的撰写花了三个月左右的时间，但花在说明、讨论与审核上的时间却是三年。"[32] 但 1989 年审核程序几乎停摆，当时的瑞士基金会总部命令团队撤出中国，停止运作。还好，麦金农力抗这项命令，保住了管理计划，这是一项对大熊猫有利的决定。他说："我假装没有收到命令，不但把基金会留在中国，也成功地让这项管理计划获得通过。"

与此同时，在西方，1989 年底世界野生动物基金会的一份内部核查报告中的某些部分让人读来颇感不安。本报告的作者，哈佛大学教授约翰·菲利普森（John Phillipson）在总结时指控世界野生动物基金会的新帝国主义，认为基金会不把当地基本状况与民众的感受当一回事，便径直发布保护命令。但他却没有阻止对熊猫的保护工作。"在我看来，该基金会将触角伸及其他领域的政策，只是徒然制造反效果，而且贸然停止对所有形式的熊猫研究的支持，无疑是抛弃本基金会对之前大力宣传的‘熊猫计划’的责任。”[33]

当菲利普森报告的内容在1990年被公开之后，该组织必须出面回应一些棘手的问题。尽管世界野生动物基金会在中国的运作仍然持续进行，当时该会的主席菲利普亲王却想结束基金会在中国的熊猫事业。他告诉英国《星期日快报》的记者：“虽然一开始的想法不错，但是熊猫实验的成果却一直让人感到失望。”同时他也提及了基金会的财务投资问题，认为“基金会虽然投入了大量金额，但是依照目前的进度，熊猫种群香火的延续概率却不是很高”[34]。

此时提出财务问题恰如其分。因为，过去十年里，自从中国对西方采取更开放的态度之后，其经济便快速向前发展。[35] 1980年，当世界野生动物基金会以100万美元的代价，协助中国在卧龙兴建中国保护大熊猫研究中心，取得合作机会之时，中国也已经达到国际货币基金组织（International Monetary Fund）与世界银行（World Bank）的入会要求，成为其会员国。1983年时，中国的对外直接投资额大约为10亿美元，中国的国际贷款额也差不多是这个数目。1984年，仿佛为了强调这些新形势的变化，英国政府同意让香港于1997年回归中国。由于中华人民共和国的财务状况大幅改善，中国对熊猫的政策也免不了出现一些变化。这些宝贵的动物不再被当作免费礼物送给其他国家，利用熊猫获取最大的商业价值似乎成了更合适的做法。

或许在企业高层的会议桌上，熊猫历史中这个不堪入目的章节就已经开启了。1984年4月，西方石油公司总裁与中华人民共和国签订了大规模开采山西露天煤矿的交易合约。[36] 这家位于洛杉矶的公司将出资 3.4 亿美元买入工程设备并引进外部技术，中国方面则需另外投入 2.4 亿美元。这项交易似乎也牵扯到两只熊猫，因为西方石油的总裁个人出资 15 万美元，将两只大熊猫永永和迎新送往洛杉矶动物园，准备在该年的奥运会中亮相。这两只熊猫在洛杉矶停留了九十天，期限到了之后，在钱潮的簇拥之下，又赶赴旧金山动物园待了四周。乔治·沙勒在《最后的熊猫》中写道："这种商业取向，让美国与欧洲动物园竞相争取熊猫前去展出，而中国也乐于出借。"[37]

这种争相借展的行为持续了将近十年，中国也短期出借熊猫，赢取丰厚报酬。不过渐渐出现一种声音，认为这些赚来的钱应该以更妥善、更透明的利用方式来改善熊猫的生活。除此之外，这些纯属商业性质的出借活动，似乎也违背了美国《濒危物种法案》（Endangered Species Act）以及世界自然保护联盟的《濒危物种国际贸易公约》（Convention on the Trade of Endangered Species），其规定若非出于科学研究与改善动物境遇，不得进口濒危动植物。美国鱼类与野生动物局终于采取法律行动，宣布停发野生熊猫进口美国的许可令。

不过在这几年困苦的时期里，中国和世界野生动物基金会仍然共同达成了熊猫保护的一些重大里程碑：野生熊猫行为与生态的首次实地观察、第二次全国性调查，以及首个前后连贯的熊猫管理计划，该计划包含大量以实证研究为基础的建议。除此之外，中国和世界野生动物基金会的合作也留下了一项不太令人瞩目的贡献。

乔治·沙勒在 1985 年离开卧龙，他的研究伙伴、动物学家潘文石也接着离开，并在熊猫分布区域最东边的陕西秦岭山脉开展了自己的研究计划。他的团队在中国 - 世界野生动物基金会合作计划的研究成果基础上进行研究，陆续得出了不少高水平的研究成果[38]。他的研究计划的重点是厘清熊猫在野外的生殖行为，以及可能的影响因素。潘文石希望了解熊猫的种群是否能够自行延续。野生熊猫的数量是否足够，能否成功繁殖，并让种群数量增加？

潘文石之所以移往秦岭，其动机或许是想尽量远离四川。他在任职于中国－世界野生动物基金会合作计划的几年间，因为直言不讳，与当地林业局的官员相处得并不愉快。他希望秦岭可以让他重新开始。这里的山区坡度比较平缓，植被没那么密集，不过却也是观察野生熊猫的绝佳地点。

一开始，潘文石原本计划在陕西历史最久也最知名的佛坪自然保护区进行研究，但是他与林业局官员的宿怨却是如影随形，不久他便清楚自己非得找一个不必听命于林业局的地方。讽刺的是，潘文石最后找到的落脚处却是长青林业局，一家有几千名员工的国营林业单位。虽然与林业局有明显的利益冲突，这些熊猫专家们却受到了欢迎，林业局不但在伐木营地为他们提供了基本的住宿，甚至

潘文石的研究人员团队摄于 20 世纪 90 年代初，背景中的秦岭山脉地区即为后来的长青自然保护区。后方坐着的人是潘文石与吕植，王大军位于左下方

还召集了几位曾做过猎人的员工协助他们寻找熊猫。

如同卧龙的情况一样，在这个遥远、经常大雪纷飞的山区，只有意志坚强的人才有办法久留。吕植是第一位跟随潘文石投入这个新计划的研究生，她现任北京大学自然保护与社会发展研究中心主任，以及设于北京的非政府组织“山水自然保护中心”的主任，她说：“天气往往十分潮湿寒冷，冬天更是如此，晚上要取暖时，就只能在房间里摆一盆炭火炉。”她曾因为煤气中毒两次，因此决定舍弃炭火不用。[39]

跟在卧龙时的情况一样，尽管秦岭地区熊猫种群的数量看来颇为丰富，但研究人员用了很长时间才陆续收集到一些研究资料。吕植在《野外的大熊猫》（*Giant Pandas in the Wild*）一书中说：“我们很幸运，不但可以看到熊猫，还可以近距离地研究它们。”[40] 潘文石的团队采取跟中国－世界野生动物基金会合作计划的研究人员一样的方法，制作木笼并在其中放置羊肉诱饵。经过十五个月痛苦的等待之后，他们仍然没有抓到一只熊猫。

只要一把麻醉枪，这个难题就可以迎刃而解。吕植写道：“但是麻醉枪要价 2000 美元，等于我五年的生活津贴加上潘老师两年的薪水，我们想都不敢想。”就在这个时候，正巧有一伙美国动物园园长来北京大学参观访问，他们愿意捐赠一把麻醉枪给这个计划，自此以后，潘文石和他的组员办起事来就容易多了。在 1986 年至 1999 年，经他们捕获、麻醉、套上项圈并追踪的大熊猫共有 32 只。

截至当时，野生熊猫性生活的实际情况如何几乎没有人知道。熊猫似乎是独居动物，只有在交配季节才会短暂相聚几天。沙勒本人曾经瞥见熊猫的温存情事，这为中国－世界野生动物基金会合作计划的报告增添了一些关于这些露水姻缘的细节描写。当时他正在跟踪一只名为珍珍的母熊猫，它刚勾搭上一只公熊猫，跟在它们后头的，还有一只体型较小的公熊猫。好几次这只跟班也想一亲珍珍的芳泽。沙勒写道："这只较小的公熊猫悄悄贴近，发出悲吟声，然后很快又被攻击，不过我只有听到狗群打架一般的咆哮、吼叫与哀号声，也只看到竹林剧烈地摇晃。"[41] 他继续紧紧跟踪这几只动物，在黄昏时分，他看到珍珍与较强势的那只公熊猫交配了四十次以上。很明显，熊猫根本不是对性事毫无兴致的物种。

不过，直到潘文石在秦岭展开研究，对野生熊猫的择偶与育幼行为，才有了更清楚的描写。[42] 1985 年到 1996 年的十余年间，他与他的同事观察过二十一场交配过程。这个数目还不是很多，不过却已经足够用来归纳熊猫性生活的大致情况。有趣的是，在研究人员有办法仔细观察的交配过程中，在场的雄性通常不止一只，有几次它们还大打出手，并因此负伤。这个证据再次强烈表明，繁殖中心与动物园里的熊猫或许对于性事会有笨手笨脚的窘态，但它们一旦来到野外，可就完全施展真功夫了。

为好多只熊猫戴上无线电项圈之后，潘文石的团队精确地锁定了五只不同的雌性分散于十一处的产子场所。我们得知野生的雌性通常每隔两年产子一次，它们会从山边下到海拔较低的地方，并且会选择舒适的洞穴或树洞，时间则是 8 月。其中一只叫娇娇的母熊猫特别受研究人员的喜爱。1992 年时，潘文石与吕植发现娇娇传回的信号没有平常那么活跃，他们分析它应该是在产子，这是它五胎中的第二胎。吕植回忆起他们找到巢穴的那一刻：

> 娇娇抬起了头，然后又低了下去。这时候一只洁白细小的东西，扭着身体从娇娇毛茸茸的胸口与手臂中爬了出来，它的声音很纤细，就好像小狗呜呜咽咽一样……它的大小宛如仓鼠，粉红

色的身躯布满稀疏的白毛……每次这只幼崽惊叫时，娇娇就会用毛掌温柔地拍着它，娇娇抱着它的模样，就好像人类母亲抱着新生儿一样。[43]

好几个小时过去之后，娇娇难忍睡意，终于睡着了。它大胆发出的鼾声让吕植大吃一惊。在过去三年里。她一直追踪这只熊猫，才渐渐取得了它的信任。现在娇娇竟愿意让她这么靠近它出生不久的幼崽！吕植一边学着熊猫软呢的喘息声，一边慢慢往前接近，直到她可以伸手触摸到睡着的母兽。她说："在碰触到它背部的那个时刻，我不由自主地有一种平静的感觉。这是多大的回报啊！经过三年半，娇娇终于接受了我。"她和潘文石决定将新生幼崽命名为希望。

娇娇继续留在巢穴中照顾它的新生幼崽达二十五天之久，最后才走出去寻找竹子，囫囵吞枣一番。它离开了一小时左右，这段时期内研究人员检查了希望的性别，发现它是一只雌性。在七周大的时候它睁开了眼，四个月时开始走路，不久便会爬树，而且很快就跟着母亲一起外出寻找食物。潘文石、吕植和团队中的其他人在跟踪这两只熊猫的采食过程中发现，希望在等待母亲回来的时候每每会爬上树，在树上待好几个小时。它的母亲每次也都会回来。这个发现相当重要，因为在20世纪80年代末，有三十只以上的熊猫被认定遭到母亲抛弃，人们为了拯救挨饿中的熊猫而将其带回饲养，结果其中有半数以上在几年的时间内陆续死亡。

因此1994年研究人员发现熊猫亲子间的这种关系之后，他们给出了以下的建议。在拯救遭弃养幼崽时，必须考虑到或许母亲是外出觅食而不在幼崽身边，尽量避免让野生大熊猫的数量因此减少。[44]林业局听从了他们的呼吁，在1998年将其拟定为针对熊猫的官方政

娇娇的第二胎幼崽希望在树干上游玩。当母亲外出觅食时，熊猫幼崽常会被单独留下来数小时，有时达数天之久。在潘文石和他的同事观察到这种现象之前，大部分的人都会认为熊猫幼崽被遗弃，而将它们带回饲养。若无证据显示母亲的确死亡时，这已经不再是可行的做法

策，除非有充足证据显示母亲已经死亡，否则不得将幼崽带离野外。

两年之后娇娇再次产下另一胎熊猫时，即使研究人员在场，它也显得很自在，甚至让他们在它巢穴洞口附近的小缝隙放置一个铁箱。其中有一台迷你摄影机与麦克风[45]，麦克风与 30 米外小心隐藏起来的录像机连在一起。潘文石与他的同事很快就让设备运转起来，在幼崽两天大的时候就开始录制。随后的半年之内，他们一直录制着它的生长情况，完成了熊猫出生后几个月内独特而重要的记录。这头幼熊在母亲身边至少待了十八个月的时间。

经过观察，研究人员知道母熊猫大约每两年会生产一次，几乎有一半的幼崽可以度过第一年的严苛考验，这样看来，秦岭熊猫的种群是有自我维系能力的。潘文石与他的同事写道："根据这种繁殖能力，大熊猫可以说是演化成功的物种。"[46]

在他们获致这种乐观的结论同时，进行熊猫人工饲养的研究人员也取得了不错的成就。我们不妨回头看看这些人如何饲养熊猫，如何成功提高生育率，让人工饲养的熊猫可以和野生种群一样自我维系。我们现在就来看看这些成就。

第十一章
人工饲养大不易

即使中国保护大熊猫研究中心于1983年正式成立，熊猫保护工作的进展仍然缓慢。直到1986年才出现第一只人工饲养环境下诞生的熊猫。次年，成都大熊猫繁育研究基地也在成都北部成立，这是一个足以与卧龙中心相比的高科技、高规格的机构。虽然那里的研究人员在人工繁殖熊猫上也遭遇了相当大的困难，不过他们还是在1990年取得了重大突破。在庆庆这头母熊猫产下一对双胞胎（大约一半的母熊猫怀的都是双胞胎）之后，工作人员为了保下这两只新生幼崽，将其中一只移至保温箱内，以奶瓶喂食，再让它们轮流交替吸吮母亲的乳头。在这之前，被弃养的双胞胎之一往往面临死亡。虽然这是一项烦琐的工作，却也很值得。

不过对于熊猫的繁殖率，在当时还有很大的提升空间[1]。从1963年第一只在人工饲养环境下诞生的熊猫开始，一直到20世纪80年代末，人工饲养的成年熊猫，数目由12只增加到88只，不过这种数量激增的原因，大部分是因为20世纪七八十年代，竹林死亡事件时，人们将野生熊猫移往人工饲养环境。这段时间内出生的熊猫幼崽有115只，这个数目看来不少，但其实只有16只存活到可以繁殖的年纪。

到了1996年，中国境内的人工饲养熊猫数量达到了134只，不过在达到生育年龄的熊猫之中，只有三分之一的雌性与六分之一的雄性曾经产下后代[2]。成都基地的现任主任张志和说："当时的人工授精技术还不够先进。电激取精的电压和次数都不对。每次取精后的一两个星期，雄性都显得有些性冷淡。有时候血液还会从它的直肠渗出来。"[3]

在1995年的大熊猫年度技术会议——这是熊猫管理人员共聚一堂，共同分享各自所属机构经验的大会——之中，建设部的副司长郑淑玲决定一改中国境内动物园的熊猫技术与经验交流方式。在她的驱策之下，中国动物园协会向世界自然保护联盟的"保护繁殖专家小组"（Conservation Breeding Specialist Group）寻求协助，该小组位于美国，具有解决各种濒危动物人工繁殖难题的专业知识。

因此，1996年12月，五名专家组成的保护繁殖专家小组与中国方面的三十名专家在成都市区一栋公共建筑物的会议厅里展开了会谈。[4]在这个通风良好但寒冷的会场上，这些美国人问了中国人一个问题："为什么你们的动物园里要养熊猫？"经过十五分钟的热烈讨论，会中最资深的中国科学家起身回答。他表示："目的是让大熊猫的数目可以达到自我繁衍的程度，让野生种群可以生生不息。"在接下来的四天内，这些代表分成好几个工作小组，分别讨论不同的熊猫议题。华盛顿国家动物园的繁殖生物学家，同时也是保护繁殖专家小组成员之一的戴维·维尔特说："大家提出了不少意见，还稍嫌多了一点呢。"不过他另有一个要分享的想法。

20世纪90年代初，维尔特所属的团队就曾首次在高度控制变量的条件下，调查人工饲养的濒危动物——猎豹，希望能够改善人工饲养种群的健康状况与繁殖能力。在那个时候，野外捕获的猎豹只有 15% 在人工饲养的环境下能够成功繁殖，而动物园内出生的猎豹生育率更低。或许草率地提出一些可能原因就可以解释这些不尽如人意的数据，但是若没有经过详细的规划与统合，人们很难找出确切的原因。任何管理决策都只会基于臆测，而非基于证据。最后，美国各地超过一百名的科学家、兽医与管理人员共同参与，针对分处不同机构的一百多只猎豹进行了一场“生物医学调查”。他们发现猎豹无法繁殖的原因有好几个，其中一项发现尤其重要：许多雌性的卵巢功能异常。这个现象使得某个研究小组设计出一个通过分析粪便监控雌性激素浓度的方法，另一个团队则发现管理方式的改变有助于改善激素的分泌，使卵巢开始活动。类似的方法对大熊猫也有用吗？

这类调查成功的因素取决于受测动物的数量多寡，如果数目够大，就可以归纳出共通的解决办法，然后再推行到整个人工饲养种群。动物园的上级管理单位建设部十分支持这个调查，而且中国人工饲养的熊猫也只分布在少数几个机构，因此针对大量的熊猫进行一场大规模研究看来有其可行性。

第二年，这场调查所将采用的方法也开始成形。每只熊猫都会被麻醉，让研究人员彻底掌握其健康状况。各小组分别同时处理熊猫身体的各个部位，在最短的时间内进行检查：在每只个体的背部植入一片电子识别标签，嘴唇下方也文上编号刺青，以备不时之需；皮肤、毛发与血液的样本收集由专人负责，以进行基因分析；对健康的雄性将以行之有效的直肠探针电击流程进行电激采精工作；每份可供受孕的精子都会被加以评估，而且每只动物都会经过全面的体内与体外检查，重要的项目包括牙齿检查、阴部检查与超声波检查等。除此之外，研究人员也收集了不同机构所拥有的资

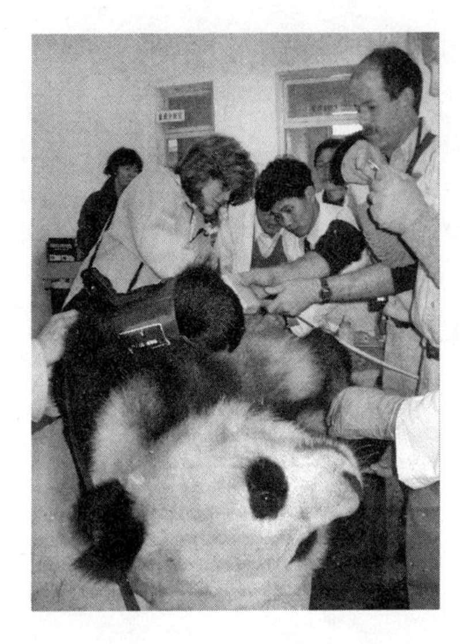

在熊猫生物医学调查期间，研究人员取得了有关中国人工饲养熊猫健康情况的大量基础数据

料，这些资料涉及饲养方式，以及所有过去成功或失败的繁殖经验。这项调查于 1998 年春启动，资料来自中国四个饲有熊猫的动物机构——北京动物园、重庆动物园、成都动物园与成都基地。

在已达生育年龄的 33 只人工饲养的公熊猫中，只有 5 只曾经繁衍过下一代，因此有必要查明原因何在。经过检查，大部分雄性的睾丸都健康正常。它们精液的情况更是优良。这些科学家在生物医学调查报告中写道："大熊猫的精液中含有大量的精子。"[5] 由于是使用电击方式将睾丸内的精子逼出，因此无法确定公熊猫在自然交配的情形下是否也可以一样射出数量这么多的精子，不过平均而言，一只雄性体内大概有 30 亿个精子，是人类男性每次射精量的好几倍。在显微镜下，这些熊猫精子的状况也不错，可以看到大量的精子在游动，而且没有明显的异常。这些都强烈表明大部分人工饲养的公熊猫——不管有无繁殖记录——其制造精子的器官都功能正常。这点让人感到欣慰。

有了这些精子来源，研究人员也有机会改善精子细胞的冷冻方式，以供应未来的需求，这项技术也称为精子冷冻技术。对某些人来说，将精子拿来做实验而不直接用来繁殖后代并不是什么好想法，不过时任成都基地副主任的张志和却不这么认为。然而，当张志和下令将十几个精子样本拿去进行精子冷冻保存实验时，他必须面对不少批评。他说："有些人甚至指控我利用这些精子来赚钱。"[6]

将精子细胞或者任何细胞冷冻起来，经常会对细胞膜与细胞内部结构造成无法挽救的伤害。为了避免此类的冰冻伤害，必须将精子与抗冻保护剂或防冻剂混合在一起。不过自 20 世纪 70 年代首次尝试冷冻熊猫精子以来，不同机构的实验计划书都存有细微的差异。此次生物医学调查团队的深入研究明确了将新鲜熊猫精子与防冻剂混合的最佳方式，以及处理冷冻和解冻过程的最佳方式。重要的是，如果根据此计划书将精子正确地加以冷冻与解冻，它们将会具有新鲜精子的质量。

因此，电激取精已成为稀松平常的事，精子冷冻与解冻的方法也经过千锤百炼，要让人工饲养的任何一只雄性与雌性结合成一对父母，应该也不是什么难事。虽然如此，在人工繁殖的领域中，配对工作其实相当重要。因为如果一直只让少数几只雄性与雌性进行繁殖——如同 20 世纪 90 年代之前的熊猫繁育情况——人工饲养种群的基因多变性将会降低。也许这个问题不会有多严重，毕竟其他物种的例子显示动物可以应付这种基因"瓶颈"，其健康情况没有受到多明显的影响。但是我们很难保证长期下去不会产生问题。如果繁殖工作只靠少数几只个体，下一代之间的血缘关系就会比较亲近，变成兄弟姐妹、半血亲的兄弟姐妹，或是堂表兄弟姐妹。当它们开始生育下一代时，免不了会近亲繁衍，各种麻烦问题也会一一浮现。

佛罗里达美洲豹就是一个经典案例[7]。20 世纪 90 年代，这种美洲豹的种群数目已经降到了 20—30 只。由于近亲繁殖相当频繁，要让它们产生后代变得十分困难，其中一半的雄性都患有隐睾症。还好经过周详的种群管理，人们消除了近亲繁殖引发的病症，美洲豹种群也才得以延续至今。虽然大部分的公熊猫在生物医学调查中看来都很健康，不过有一两只个体还是出现了睾丸方面的问题。当然，问题的来源很可能就是近亲繁殖。

麻烦的是没有人可以确定问题的症结。就好像基督徒拥有《圣经》一样，熊猫管理人员的宝典是《国际大熊猫血统书》（*The International Studbook for the Giant Panda*），里面详尽地记载了每只熊猫的谱系与繁殖历史。1991 年，华盛顿国家动物园的德夫拉·克莱曼和一位中国建设部的官员跑遍了中国各地，才完成中国境内所有人工饲养熊猫的整体血统资料。不过这本首次编纂的《国际大熊猫血统书》却有重大疏漏之处。其最明显的缺点，就是许多人工饲养环境下出生的熊猫生父不详。这可不是因为中国科学家没有将交配的公母熊猫记录下来，而是因为依照标准程序，母熊猫在自然交配之后通常还会接受人工授精，所授精子的来源是性能力较差的雄性。这种做法的目的是增加受孕概率，并让未能照自然比例呈现的雄性基因也可以传布，不过这也让人无从得知使卵子受孕的精子究竟来自哪一只公熊猫。

此次生物医学调查的目的也包括厘清这种混乱状况，研究人员会使用最新的基因技术确定熊猫幼崽父亲的身份。1983 年，国家癌症研究中心的斯蒂芬·奥布赖恩（我们在第二章曾介绍过）曾经受托替玲玲夭折的幼崽执行类似的鉴定。如果您还记得的话，玲玲接受了其长期伴侣兴兴（通过自然交配）以及硬掴它巴掌的“英国”熊猫佳佳的精子（通过人工授精）。奥布赖恩必须利用较不可靠的蛋白质来确定熊猫幼崽的父母身份，因为整整一年之后才有科学家提出目前流行的DNA图谱。[8] 奥布赖恩的研究结果刊载在《科学》(*Science*)杂志上,他和他的同事写道:“在300个被检验的蛋白质分子中,有6个显示出基因变异,这表示熊猫幼崽的父亲是兴兴而非佳佳。”

鉴于奥布赖恩在熊猫基因研究上的杰出成就,邀请他参与调查中国人工饲养熊猫的亲缘关系也是极其自然的事。有趣的是,在43个亲缘关系无法确定的案例中,经过鉴定后,大部分熊猫的父亲都是其精子首先进入雌性体内(不管是自然交配还是人工授精)的熊猫。经由这个结果的启发,管理人员可以决定人工饲养熊猫的最佳繁殖管理方式。

濒危物种的人工饲养目标之一,是要让种群能够在一百年的时间里,维持90%的基因变异性。这个数值的设定其实有点随意,不过却是合理的目标。尽管大熊猫已经面临许多生存压力,不过其基因的多样性似乎还蛮丰富的。借助预测熊猫每年的生产次数,某个国际团队的研究人员估算出“在未来如果要维持大熊猫基因的健全度,必须要有足够的空间与资源来容纳300只个体”[9]。不过这个预估值的假设是,每个人都在一个大家庭中快乐地合作,为了大熊猫长远的幸福一起努力。实际的情况并非如此,虽然不致讶异,或许你也会觉得失望。

背后的原因颇让人沮丧。因为大部分的动物园都必须要有利润,尽管数额不一定要很多,而主要的营业收入都来自入园民众。熊猫数目与门票收入之间具有强烈而直接的关联性,也难怪一直以来不同的机构之间都存在相互竞争的情形,而且彼此间的熊猫几乎没有往来。除了动物园这种想拥有最多数量熊猫的基本欲望之外,妨碍熊猫自由流动的因素,还包括各个熊猫饲养机构之间的斗智角力。在这方面,熊猫研究人员跟其他学者没什么不同——他们想让自己的文章刊登在最知名的杂志上，获取更多的研究资助金额，并扩充自己研究事业的规模与影响力。由于熊猫深获杂志编辑、提供资金的委员会以及优秀学生的青睐，一般的学术规范常常沦为空话。

最后，如果想让熊猫在不同机构间来去自由，还须跨过现实政治层面的复杂关卡。因为中国进行人工熊猫饲养的单位，其上级管理部门并非只有一个，而是有两个。动物园所饲养的熊猫，譬如成都动物园与北京动物园的熊猫，由中华人民共和国建设部所管理。其他熊猫，诸如卧龙自然保护区内中国保护大熊猫研究中心的熊猫，却是林业部的财产。一直以来，这两个国家级单位相互竞争，而非彻底合作。如同某份生物医学调查报告的撰稿人颇具外交辞令的说法："熊猫在机构之间的转移必须跨越一些官僚障碍。"[10]

至此，想必你一定可以了解，熊猫精子的解冻与冷冻为何如此重要。运送装有精子的小瓶要比把熊猫赶入运输笼容易多了，而且将几十亿个细胞移往他处比运送整只惹人怜爱的熊猫要低调得多。戴维·维尔特说："一个精子瓶实在没什么好看的吧。"[11]

这两个机构的关系需要一些时间来化解，不过已有迹象显示双方关系开始和缓。生物医学调查提供了和解的契机。这项计划在 1996 年开始时完全只在建设部所属的主要熊猫饲养单位内实施，林业部卧龙中心的人工饲养熊猫并未包括在内。情况很快就有了变化，因为林业部邀请世界自然保护联盟的保护繁殖专家小组将卧龙中心的熊猫也纳入调查。这项举动让被调查的熊猫数量几乎增加了一倍，大幅增强了结论的可信度。成都基地与卧龙的大熊猫研究中心都同意跟保护繁殖专家小组合作，这使得这个外来的独立机构仿佛成了双方的桥梁，架接起这两个中国最大的熊猫饲养机构之间的合作关系。

这两个机构的资深主管不约而同地表示，双方的竞争角力已成过眼云烟。成都基地的张志和说：“与任何机构之间的合作，我们都乐于参与。”[12] 卧龙研究中心的副总工程师周小平也持同样的肯定态度。他说：“我们想跟许多机构合作。我们跟成都基地也可以合作。那没有问题。”[13] 不过显而易见，双方之间还存在更多、更大的合作空间。

2009 年 11 月，张志和向中国大熊猫繁育技术委员会提交了一份报告，呼吁熊猫饲养机构尽更大的努力，“在大熊猫培育上，不要只重量而不重质”。他在文中继续强调必须“鼓励不同饲育机构之间的交流，不管是大熊猫个体还是精子，同时也要加速相关审核程序的处理流程”[14]。这样的改变需要时间。

与此同时，对于世界其他各国应该如何与中国分享熊猫资源也有了全面的反思。如果你对上一章还记忆犹新，你会知道在 20 世纪八九十年代里十分盛行丑恶的“熊猫租借”计划。美国鱼类与野生动物局最后终于在 1993 年时禁绝了这种做法。虽然这种短期、商业导向的熊猫租借行为仍然在其他各国持续进行着，但美国当局已经开始拟定全新的熊猫饲育准则，这个办法对熊猫产生了极其重大的影响。

美国加州圣迭戈动物学会在其中扮演了相当重要的角色，他们与鱼类与野生动物局合作制定出了熊猫租借政策，对人工饲养熊猫与野生熊猫的福利做出了实质贡献。圣迭戈动物园开始与卧龙研究中心建立牢固的研究合作关系（下文再行详述），卧龙方面也开始讨论将熊猫长期而非短期租借给圣迭戈动物园的可行性。在长期的租借关系下，机构间（如此例中的卧龙与圣迭戈动物学会）必须拥有互信的基础。这种合作关系与想法的交流对双方的科学家来说是一件好事，很重要的是，熊猫也会因此得利。圣迭戈动物园也可以善用熊猫长住园内的这个大好机会推动自己的研究计划，这在短期租借的年代是不可能办到的事。由于圣迭戈动物园将因为拥有这些珍贵动物而取得经济上的利益，支付一些租金给中国林业部门看来也颇为得宜。结果双方敲定了一大笔钱——每对熊猫每年 100 万美元——在这么庞大的金额下，要求中国方面更公开地透露财务用途也并不会不恰当。这种深思熟虑后的安排获得了美国鱼类与野生动物局的赞同，因此鱼类与野生动物局也发出进口许可令，让两只熊猫可以来到美国，为期十二年。1996 年 9 月，卧龙方面送来两只熊猫，公的叫作石石，母的叫作白云，租借给圣迭戈动物园展出十二年（不过年纪比较大、攻击性比较强的石石随后就被年轻而又热情的高高取代）。

1998 年，美国鱼类与野生动物局正式宣布新的熊猫政策，实行的方法以卧龙 - 圣迭戈的租借关系为例，美国其他的动物园很快就效法这种做法。1999 年，成都基地与佐治亚州的亚特兰大动物园签订协议，出借了两只年轻的熊猫扬扬与伦伦，为期十年。1999 年华盛顿特区年老的熊猫兴兴（它活得比玲玲还久）终于双脚一伸，与世长辞，华盛顿国家动物园也与卧龙合作，在 2000 年引进了一只母熊猫梅香和一只公熊猫天天，租期也超过十年。2003 年，乐乐与雅雅也在类似的协议下，从成都基地来到了孟菲斯动物园。让北美动物园的游客十分高兴的是，这几对熊猫目前都产下了后代。

这当然是一件好事。但美国鱼类与野生动物局租借政策的影响更为深远。重要的是，这个模式已经扩及北美以外的地方，奥地利、泰国、日本、澳大利亚和其他国家的动物园，纷纷与中国的各个机构建立有利的长期合作关系。

卧龙－圣迭戈的成功故事说明了这种合作关系可以带来十分丰硕的成果。20 世纪 90 年代，当圣迭戈动物园和鱼类与野生动物局共同拟定新的租借政策时，时任圣迭戈动物学会行为组组长的唐纳德·林德伯格（Donald Lindburg）早已派遣科学家前往中国与卧龙方面的研究伙伴进行合作。其中一位是任职于圣迭戈动物园的营养学家马克·爱德华兹（Mark Edwards）。在这之前，熊猫的饮食自 20 世纪 60 年代姬姬所生活的时代以来一直没有什么变化；熊猫大部分的食物都是搭配着蛋、水果与一些维生素的粥类。它们也会享用一些竹子，不过几乎都只是点缀装饰；由于它们的能量都集中摄取自粥糜，对竹子显得缺乏兴趣。有些人将这种现象解释为熊猫比较喜欢吃粥而非竹子，不过事实上，当时以粥为主的饮食已经对它们造成了伤害，熊猫出现上吐下泻的症状时有发生，胃肠道疾病成为人工饲养熊猫死亡的主因。

由于卧龙长期租借给圣迭戈的熊猫成为众所瞩目的焦点，让这些动物健康快乐就成了非常重要的事；在爱德华兹的参与下，粥类不再出现在菜单上，取而代之的是一束束的竹子。这种改变的背后有个相当合理的假设，即人工饲养的动物最好与其野外同伴摄取同样的食物。竹子比例的增加也让熊猫粪便的外形更为一致。事实上，在熊猫饲育管理方面，目前已有“标准粪便分级系统”[15]，可让管理员监控熊猫的健康情况。状况最差的粪便“非常稀疏，不成形，有下痢情况，经常带血”，若如此，分数为零分。在最好的情况下，粪便“结成块、非常硬，干燥易碎”，这种便可得一百分。零到一百之间可分成三个等级。可以说大便正常意味着熊猫健康。

就像喂养姬姬的经验所显示的一样，熊猫对于竹子的种类还是很挑剔的，20 世纪 80 年代的首次野外研究也证实了此点。不过饲养机构通常很难配合这种需求，因此爱德华兹也研发出一种特殊的面包，它与熊猫喜爱的竹子的化学成分相当，以高纤维的形式为熊猫补充维生素与矿物质。

熊猫对竹子如此斤斤计较，这需要人们投入很大的精力。它们需要吃大量的竹子——每天几乎可以吃下相当于它们体重一半的新鲜竹子——才能让身体持续活动；确保如此大量的新鲜竹子的来源以及后续的竹食供膳处理，必须花费不少钱。维也纳的美泉宫动物园（Schönbrunn Zoo）在2003年从卧龙租借了一对熊猫[16]，他们为这对熊猫提供两种不同的竹子，由位于法国的竹园供应，每个星期运送到动物园来，每年所花的成本大约是20万美元。除此之外，专家还建议应该每天分三次喂食熊猫竹子，这是为了防止摄食不完的竹枝与竹叶干枯，不过对细节这么用心，照料熊猫的人就必须多付出许多额外的工作。虽然如此费工夫，不过这却让这些熊猫获得了更大的福利，它们不会再呕吐，变得更有活力，其粪便也更结实了。

除此之外，卧龙－圣迭戈的合作也大幅改变了新生熊猫的喂食方式。20世纪90年代初期，人们一般仍以调配的奶牛或牦牛乳亲手喂食熊猫幼崽。熊猫幼崽不但难以消化这些食物，而且断奶的时间也太早，大约六个月大就不用奶瓶，鼓励它们改吃竹子，这造成六个月到十八个月大的熊猫幼崽大量死亡，不过在卧龙中心改喂它们人类乳汁与狗乳混合的配方奶之后，熊猫宝宝的情况好转了很多。不让六个月大的熊猫突然转换食物也是重点之一。现在任职于加州州立理工大学的爱德华兹说："我们鼓励并协助员工以配方奶喂食熊猫幼崽，至少喂到它们十八个月大的时候。"[17]熊猫幼崽早夭的情况，大致已经成为过去时了。

林德伯格在进行营养方面研究的同时，也在寻找一个可以独立研究熊猫行为的博士后学者。[18]他在人才招聘的广告中只提到

“在第三世界国家研究独居性的哺乳类动物，每年的研究时间为半年”。这是为了避免吸引大量的熊猫爱好者而不是研究者前来应征。罗恩·斯威古德（Ron Swaisgood）刚在加州大学戴维斯分校完成他有关动物行为的博士论文。他的研究主题是地松鼠与响尾蛇之间的掠食者与猎物的动态关系。这个题目虽然有趣，但他想尝试应用性更高的领域，就在这时，他看到了林德伯格的招人启事。斯威古德报名应征，到面试时他才知道要研究的动物是熊猫。“我第一次听到研究对象是熊猫的时候，老实说，我不太确定研究质量是否能够符合预期。”他怀疑哪里会有足够数量的熊猫，可以让他有办法获得有意义的科学成果。林德伯格告诉他工作地点是位于中国卧龙的大熊猫研究中心。

因此斯威古德先在 1995 年前往卧龙探视了一下这些山区娇客，到了 1996 年才正式开始研究工作。斯威古德回忆道：“那时候，卧龙的熊猫大约有 25 只，每年出生且存活的熊猫幼崽大概有一两只。我过去的目的，是要跟他们共同进行研究，改变管理饲育的方式，促进自然交配。”

一连串的证据开始显示出熊猫饲育环境的重要性，这不但关系到它们的幸福，也会对繁殖产生影响。像往常一样，实验用鼠功不可没。实验数据显示，与贫乏环境下人工饲养的老鼠相比，比较忙碌的老鼠脑部更发达，行为样态更多样。除此之外，饲养环境如果比较单调，动物也会出现所谓的“刻板行为”。我们都曾看过大象不停地踱步，像节拍器一样摇晃着鼻子；老虎来来回回地走来走去，把地面踩踏出一条深深的走道；北极熊坐着摇头晃脑，等等。

动物园的员工当然也注意到了这种情况并开始提供更高的“环境丰富度”[19]，这是一个动物饲育原则，“目的是找出并提供可以改善动物心理与生理健康的环境刺激，以提高人工饲养动物的看护质量”。不过，环境丰富度对动物的影响还欠缺实际数据的佐证，这就是斯威古德与其卧龙的同事所要研究的课题。

当然，其中的难点就在于，你不能直接问动物它觉得你丢到园子里的球好不好玩。事实上，你当然可以问，不过动物不可能会回答。因此，你必须想出一个间接测量动物幸福感的方法。虽然很难让哲学家感到满意，不过要是有一只动物没有表现出刻板行为，而是展现了很多自然行为，有时候还会有繁殖的迹象，那么就会让人在直觉上觉得这只动物比另一只身体不停左右摇动，缺乏野外环境中的各种行为，又无法产生后代的同伴要快乐得多。斯威古德以各种不同的方式来测量动物的幸福感，因此他有把握判断出人工饲养动物对于所在环境的满意程度。

就这样，卧龙的员工开始改变熊猫的饲养方式，大抵就跟 20 世纪 80 年代华盛顿国家动物园为兴兴与玲玲所做的一样。熊猫有了更大的活动空间，里头有各种不同的树木和灌木丛，而且地形多样[20]。斯威古德和其同伴也将各种物品，譬如塑料球、整袋的干草还有水果棒冰等放到园子里，然后记录下它们的反应。熊猫一看

现在，饲养环境下出生的熊猫幼崽，至少前十八个月都是以奶水（熊猫母奶或配方奶）来喂养它们，然后才渐渐改吃竹子

到这些玩物几乎都会靠近，但有时候会小心翼翼地前往察看。它们胆子大了之后，会仰躺着把物品放在它们的脚掌上，又玩又咬，还会滚动、摇晃、追逐这些东西。对这些东西，熊猫似乎都玩不腻，即使玩了十几遍还不厌倦。重点是，比起控制组内没有东西可玩的熊猫，它们的活力增加了，而且较少出现刻板行为。

除此之外，研究人员也开始反思中国与世界野生动物基金会的合作计划以及潘文石的研究所取得的有关野生熊猫的知识。野生熊猫与人工饲养熊猫在交配行为方面有什么差别？他们发现一项很明显的差异。在每年的大部分时间里，熊猫都是独居的动物，但是在交配季节，它们的社交生活变得很丰富，雄性深受雌性的吸引，仿佛飞蛾扑火一般。它们是怎么办到的？每项证据都指向气味。因此卧龙–圣迭戈团队就开始设计一系列精彩的实验，展现大熊猫气味世界的多姿多彩。

第一要务之一是确认熊猫可以分辨不同个体的气味[21]。因此研究人员收集了来自不同杉木木块上的气味（这些树种是野生熊猫喜爱逗留的气味站）。气味收集的方法，雌雄各有不同，对于雄性，是用木头在气味遗留地上抹一抹；对于雌性，则是将木头在一摊尿中蘸一蘸。然后，研究人员连续五天利用这些木头让熊猫亲近其他熊猫的气味。想象有一只熊猫甲闻到了另一只熊猫乙的气味。一开始，甲对空气中飘散的乙的气味颇感兴趣，但是新鲜感会逐渐消散。然后，在第六天的时候，甲发现竟然有两块木块，其中一块是原来就有的乙的气味，另一块则是来自丙的新奇气味。很明显，甲马上会对新气味显露出极大的兴趣。因此，熊猫可以分辨出不同个体的气味。但是，自然栖息地中的气味站很普遍，而熊猫又可从其中所散发的浓厚味道中读出什么信息呢？

在另外一个后续研究中，研究人员将熊猫分成三组——雄性、未成熟雌性与成熟雌性——然后考验熊猫的推理能力。他们将一只熊猫带离它原本的兽栏，再把另一只访客带进来半小时，然后让被带离的熊猫回到自己的住所。他们记录下访客对兽栏主人气味的反应，以及屋主对外来者遗留气味的回应。结果，研究人员有了重大的发现。接触到另一只雄性气味的公熊猫，其行为会转变为领域模式，不过它对雌性的气味就显得很有兴趣，如果是成熟的雌性，公熊猫还更常吼叫。当成熟雌性嗅到雄性的气味时，也常常会发出声音，而且比闻到雌性气味时显得更加兴趣高昂。很明显，上述熊猫的表现都是一种沟通行为，研究人员也做出了以下强有力的结论："本研究强烈推断，如欲在人工饲养环境下繁殖熊猫，在其行为管理方面可能需注意化学沟通方式所具有的重要性。"[22]

这个研究在2000年发表时，卧龙研究中心早已将这些发现运用于日常管理中。员工会注意母熊猫是否接近发情期，并分析尿液中的激素，对观察到的熊猫行为进行补充。一旦确认母熊猫进入繁殖阶段，他们就会把它移到与预定交配对象毗邻的圈养空间。利用带有气味的木块作为媒介，或干脆使双方交换兽栏，卧龙的管理员会做好让这对新人入洞房的准备。在它们见面时，已不再出现姬姬与安安当年因为对立以致好事被破坏的情况。斯威古德说："慢慢地，我们已经让自然交配的比例从三分之一提升到90%以上。"[23] 这种进展让卧龙的人工饲养熊猫数量暴增，1995年只有25只，几年后已达70只以上。[24] 卧龙研究中心的副总工程师周小平十分肯定这个优异成绩，并将之归功于管理方式的改变。他说："如果没有嗅觉沟通的畅通无阻，就无法让熊猫成功繁殖。"[25]

在卧龙与圣迭戈动物园的合作过程中，人们也进行了一些非常精彩的嗅觉实验，值得我们稍微离题来探讨一下。[26] 这些实验的结果一致显示熊猫对于成年熊猫的气味比较有兴趣，对于亚成年熊猫的气味则比较不在意，这表示熊猫可以利用气味来了解年纪、繁殖状态，甚至社会地位等信息。基于这些概念，同一批研究人员也测试了一个有趣的假设：除了已知的嗅觉线索之外，熊猫在留下气味记号时所采用的姿势可能也包含另一层重要的信息。

英国动物学家德斯蒙德·莫里斯曾经观察到姬姬与安安不同的撒尿姿势，而德夫拉·克莱曼在研究华盛顿的尼克松熊猫时，也曾加以详细叙述。她给这些姿势起了一些望文生义的名称：蹲姿、背姿、双脚站姿与撑手倒立。最后一个姿势——撑手倒立——特别值得探究。只有华盛顿的公熊猫兴兴曾经使用过这个特别的姿势，而乔治·沙勒与同事在野外也曾注意到熊猫留下的记号有时比地面高出一米以上。

斯威古德和同事希望找出撑手倒立与其他姿势究竟有何意义。他们先做了一些有趣的观察，发现所有的熊猫都会使用蹲姿，不过这在母熊猫与亚成年熊猫身上最为明显。背姿与双脚站姿主要是成年熊猫在使用，不过公熊猫似乎又比母熊猫更热衷使用双脚站立。最后，只有公熊猫会使用撑手倒立，而且它们使用这个姿势不是为了用脚掌在气味站上涂抹，而是在上头撒一泡尿。研究人员设计了一个实验，希望找出不同年龄与性别的熊猫，对于不同姿势下所遗留的记号会有什么反应。结果很清楚地显示，所有的熊猫都对位置较高的气味比较有兴趣，会花更多时间勘查，更常出现裂唇嗅反应（flehmen response），这是哺乳动物在闻到气味时将上唇翻起的一种现象（想想看一匹马露出上颚的样子）。根据这个结果与其他证据，他们得出结论，认为气味的遗留高度可能会透露出留下气味的熊猫的社会地位。因此，以撑手倒立为例，雄性如果可以尿在更高的树上，它就可能体型更大、更有力。

熊猫以气味作为沟通模式的真相大白之后，化学家开始分析这些分泌物与排泄物的分子成分，他们找出了一千种不同的化合物。[27] 雄性与雌性气味的组成成分具有相当大的差异，这再次确认了熊猫可以从气味中分辨出性别。不仅如此，每只个体都有一种十分独特的化学记号，在随机给定的一个样本之下，研究人员都可以十之八九地正确辨认出气味的主人。不过他们得靠一种精密分析工具——气相色谱－质谱仪（gas chromatography-mass spectrometry）——的帮忙，但熊猫已经习惯这些气味几百万年了，因此，我们可以推测它们已经演化出辨认这些气味的能力。

这些科学家也进行了一个相关的小测验，他们从熊猫身上刮取了一些气味，看看这些挥发性的化学物质是否会在身体各部位有不同的组合。得到的气味图谱让人颇感惊奇。圣迭戈动物学会的解析化学家李·哈吉（Lee Hagey）说："熊猫的前肢、后脚和背部没有多少气味信息。"[28] 不过，它们的耳朵却带有浓厚的尿味，前掌

在中国保护大熊猫研究中心的雅安碧峰峡基地（成立于 2003 年，是卧龙基地的姊妹基地），一只熊猫幼崽正忙着与一根竹竿搏斗

的掌心也一样，可能是因为它们常用这个部位把味道从阴部抹到耳朵上的关系。有趣的是，熊猫常常搓揉的黑眼圈气味完全不同，而且一点尿味也没有。这是因为熊猫会小心地用掌背而不是沾满尿味的掌心来揉眼睛。哈吉与他的研究伙伴写道："大熊猫的身体就好像一个由各种气味区块拼凑而成的万花筒，每个地方都有独特的气味。"[29] 他们也提出一项看法，认为带有尿味的耳朵就像是小型的信号塔，让这些气味可以随风飘散并被其他熊猫捕捉到。

成都基地与亚特兰大动物园之间的合作是另一项长期研究性租借具有重大价值的例证。卧龙－圣迭戈的合作研究是以气味为重点，成都－亚特兰大的合作则着重于熊猫的母子关系。这个研究领域有点敏感，因为中国熊猫饲养的标准做法通常是在熊猫幼崽六个月大的时候就让它们离开母亲，以增加熊猫幼崽的产量。没有了吸吮刺激，母熊猫就会停止泌乳，为下一次的生育期做准备。不过针对野生熊猫的研究显示，熊猫幼崽通常至少会在母亲身边待十八个月，有时候还会长达三十个月，所以母熊猫一般都是每两年生产一次，与人工环境中所鼓励的每年生产不同。将仅六个月大的人工饲养熊猫幼崽成堆聚在一起，形成一个托儿所般的可爱画面，除了有助于增加熊猫数量之外，对它们的健康有帮助吗？

成都－亚特兰大的合作计划开始收集证据，证据显示熊猫母子在早年间的亲情联结很重要，关系到幼崽能否成长为一只心性成熟、适应性良好的成年熊猫。几年以来，研究人员一直持续观察不同情况下长大的熊猫幼崽，其中有些在六个月大前就被带离母亲身边，其他则是一年以后才离开。[30] 这项研究还在进行，不过人们已经知道母熊猫抚育长大的熊猫幼崽比六个月大就与母亲分离的熊猫幼崽更有活力；它们花更多时间把玩竹子，也许是在跟母亲学习进食技巧，而且也花更多时间在物体上爬上爬下，对常常待在树枝上的动物来说，这是有用的生活技巧。在六个月大时就独自生活的熊猫幼崽常常都静静地坐着，这种情况看起来不太妙。亚特兰大动物园哺乳动物组组长以及本研究的主要撰稿人丽贝卡·斯奈德（Rebecca Snyder）说："母亲似乎会为熊猫幼崽的活动提供刺激。一群熊猫幼崽待在托儿所的环境中时，就没有母亲提供的这种刺激。"[31]

斯奈德和他的同事也观察到不同性别的熊猫间有趣的差异。在母亲带大满一年的熊猫幼崽之中，公幼崽会比母幼崽花更多时间跟母亲玩打斗游戏。研究人员怀疑人工饲养环境中的公熊猫可能就是因为小时候没有机会跟母亲一起嬉戏，才导致它们在繁殖上出现困难。研究人员目前还在继续监控这些熊猫的状况，一直会监控到它们长到可以繁殖的年纪，到时候他们应该可以发现早期断奶对性行为是否有任何长期的影响。这将有助于让大家了解亲子关系的重要性。成都基地的主任张志和说："对于年幼的熊猫，我们会慢慢为其营造出更贴近自然的环境。"[32]

成都－亚特兰大的合作计划也有其他的研究发现，最新出炉的就是有关熊猫声音的研究。如果你还记得的话，古斯塔夫·彼得斯在早年曾经录制了一些尼克松熊猫的声音档案，而中国－世界野生动物基金会的合作计划也录了一些熊猫在野外的叫声。这些声音在经过分解、调整与播放后，研究人员开始找出其中所含的信息。研究结果发现，不同熊猫叫声的声波结构都大不相同，但这点或许已经不会让人太惊讶。比较让人惊奇的发现是，这些叫声似乎具有很高的遗传性，关系较亲近的熊猫，其叫声具有类似的物理特性。主持此研究的亚特兰大动物园声音专家本·查尔顿（Ben Charlton）说："因此在相距较近的时候，熊猫可以利用声音来判断彼此的基因亲近程度。”[33]

查尔顿及其同伴在一系列的后续研究中，也得到了和罗恩·斯威古德与他的同事类似的研究结果，确认熊猫应该可以单纯从这些声音推论出性别、年龄、体型与雌性繁殖能力等信息[34]。查尔顿说：“相较于其他大部分的哺乳类动物，熊猫的叫声拥有丰富而复杂的信息。”[35] 虽然嗅觉是熊猫主要的沟通模式，不过在环境复杂的森林里，这些嘈杂的声音却是最佳的短距离沟通方式。他说：“在实际的环境里，即使是在浓密的竹林中，在四十米之内，都还有办法辨认出这些叫声的频率特征。”这些发现不但非常有趣，而且也可在某些场合让人工饲养熊猫的生活变得更加丰富。

我们已经检视过熊猫的气味与声音，或许也应该快速地来探讨一下熊猫的视力。这个领域的首次研究是由亚特兰大动物园以其园中的熊猫为对象进行的。管理员训练一对熊猫，使之在看到不同的长方形彩色物体时借助一组塑料管做出反应。它们对这些不同刺激的反应显示熊猫可以看到某些颜色，这个结果也符合三十多年前姬姬右眼的解剖报告。[36]

另一项目标更远大的研究，则以奥地利维也纳美泉宫动物园的那对熊猫为对象。[37] 动物学家伊夫林·邓格（Eveline Dungl）的博士论文以熊猫的外貌为研究主题，她采集了数量庞大的熊猫图像，并以每只熊猫黑眼圈的形状与分布区域为研究重点。她不但发现不同个体的眼圈有极大的差异，同时也能够从这两块斑点之间的角度分辨出熊猫的公母；公熊猫因为鼻子较宽，所以斑点之间的角度比较大，母熊猫则比较小。熊猫和她一样具有这种能力吗？母熊猫甚至可以依照这个特征来找寻适合的交配对象吗？[38] 邓格利用点心训练熊猫对眼圈般的图像做出反应，发现熊猫可以区分各式的形状，并可以记住它们喜爱的类型，时间至少可达一年。邓格说：

“美泉宫的熊猫明显地证明了熊猫的视力可能重要得多，而且这些动物也很聪明，比大部分人所想象的更能体会心理刺激。”[39]

以上所述的熊猫研究[40]，只稍微撷取了其中的少部分，不过希望能够大概地介绍目前针对人工饲养熊猫的研究所取得的成就。这些知识不可能完全得自野生熊猫，因此这些大量的研究结论可能是最具说服力的理由，来论证人工饲养熊猫有其必要性。事实上，人工饲养熊猫还有其他更多的理由。人们都喜欢看熊猫，这是不可否认的事实，但是因为它们过于稀少，生存环境极为恶劣，又很会躲避着不让人看见，要在野外看到熊猫几乎是不可能的事，但是通过动物园与诸如成都基地和卧龙研究中心等专门机构，要看到熊猫并非难事。在这些地方，这种神奇的动物可以说充当了它们野外同伴的大使，同时也切实地提醒我们为何要投入这么多心血来拯救野外环境。或许熊猫自己不知道，不过它们可是绝佳的教育工具，让老老少少接触到自然界，甚至是科学世界。由于人类对它们充满兴趣，哪里饲养着熊猫，哪里就会有金钱收入。这点并非总能让我们看到最光明的一面，但是如果将金钱运用在正确的地方，就会呈现出人性的光辉。人工饲养熊猫的种群现在已经有办法自我延续，这或许可以视为这个物种不至于在野外绝种的一种保险。不过必须假设的是，大熊猫的重新放归野外没有问题。目前，这种工作还没办法做到。这是未来的挑战，现在我们就要展望一下未来。

第十二章
重返大地的希望

只要人工饲养的熊猫存在一天，野化外归就一直会是努力的目标，不过要让熊猫成功回到野外，即使不用几十年，也还有好长的路要走。

有些物种比较容易进行野化外归，有些则不是。以下是三项简化的基本准则。食草动物容易回到野外，因为它们不用追逐猎物；食肉动物则不容易，因为要让人工饲养动物赶上猎物的速度需要很多努力。虽然如此，食草动物可能也得面对艰难的环境，因为野外有很多掠食者，掠食者越少越容易成功。最后，社会性动物的野化外归是特别棘手的问题，因为它们无法一下子适应野外的复杂环境，因此独居动物似乎更适合放归野外。

从表面上看来，大熊猫在这方面似乎大有可为。只要把它们放回到良好的熊猫栖息地，应该到处都会有竹子可以吃。熊猫不用找寻猎物，只要好好坐着吃东西就可以了。熊猫的体型大，嘴巴又很会咬东西，应该也没有多少动物想单挑它们。除此之外，它们一年里大部分的时间都独居。这样看来，似乎大熊猫的野化外归会比其他人工饲养物种有更多成功的机会。

还记得吗？露丝·哈克尼斯似乎成功地在养了几个月后，把她抓到的第三只，也是最后一只熊猫放回了森林。

20 世纪 80 年代，中国 – 世界野生动物基金会的合作计划进行期间，也出现过一些有趣的插曲，显示熊猫的野化外归或许行得通。曾经有一只熊猫被带到卧龙饲养，居住在新建好的园子里长达一年，后来在乔治·沙勒和其他人的劝说下，它被放回野外。[1] 它在野外活得好好的，中国 – 世界野生动物基金会的团队对它持续追踪了至少十八个月，也许更久。另外一只叫作珍珍的熊猫常常定期探访研究人员的营地，并且大肆进行破坏（它是被一位淘气的研究助理所放的点心所引诱来的），最后被带回来人工饲养了几个月。当它被放回距营地上方的老家十英里远的山坡时，回到野外生活似乎对它没什么困难。[2] 不过这些例子里的熊猫都是在野外出生的，这可能会导致相当不同的结果。[3] 人工饲养环境下出生的熊猫，在放生之后要如何讨生活呢？

1989 年《中国大熊猫及其栖息地保护管理计划》建议进行几项实验性尝试，大部分的实验对象都是将来可能作为人工饲养熊猫野化外归先驱的年轻熊猫。不过一份 1991 年发表的报告结论却说："野外放生人工饲养熊猫并不恰当。"[4] 1997 年与 2000 年，在中国与圣迭戈分别召开的后续熊猫会议中也得出了相同的结论，在 2000 年那场大会的报告里，作者也表示："我们不建议在这时候实施全面性的大熊猫野化外归计划。"[5]

如此谨慎的态度非常合理。将动物从饲养环境放回野外是一个相当晚近的研究领域，而且尚需证明其可行性。以往已有数百次将饲养动物放归野外的尝试，但大部分的计划都失败了。失败的原因各种各样，不过野化外归若要能成功，有三个重要的原则需注意。必须先确定野化外归具有生物学的意义；如果是，就可以开始训练动物回归野外，不过只能在将野外的威胁纳入考虑时才可以。如果没有注意到其中的任何一项重点，野化外归行动几乎注定会失败。

我们先审视一下野化外归是否具有生物学的意义。虽然我们过去三十年里已经积累了不少有关熊猫的知识，但是我们对熊猫的认知还是有很多缺口，贸然提倡野化外归，认为这种做法值得推行，还是过于大胆。譬如，你可能会很惊讶我们目前还无法确定野外大熊猫的数量有多少，如果不知道野外的确切情况，如何判断保护是否成功、野化外归计划是否成功呢？

经过这么长时间的努力，怎么还会这样呢？答案就如以往前来猎捕熊猫的西方人所发现的一样，熊猫实在太会躲藏了。1968—1969 年的大熊猫考察团开始调查熊猫的数量，不过仅限于少数特定区域。大熊猫整体种群数目的第一次调查始于 1974 年。令人吃惊的是，当时动用了大约三千人，这些人组成团队，一路沿着适宜的栖息地估算数目。他们以脚印和偶尔瞧见的熊猫作为计算基础。这个首次全国性调查正式公布的熊猫数目为 1000—1100 只，不过这当然是低估了。曾经是秦岭佛坪自然保护区熊猫生物多样性研究中心主任的雍严格回忆起 20 世纪 70 年代时的调查程序，他在多年前的一场访谈中告诉中国 - 世界野生动物基金会的研究人员："我们主要是想找出熊猫的栖息地。所以我们带着笔记簿到处询问农民与猎人有没有看到熊猫。丝毫没有什么技术可言。有时候农民会开玩笑，跟我们说他们曾一次看到 8 只熊猫，不过有钱可拿的话，他们可以找到 28 只！"[6]

这种对数目估计充满弹性的做法，与约翰·麦金农的经验相符，他于 1987 年到北京，担任世界野生动物基金会中国区的科学总顾问，目前则是欧盟 - 中国生物多样性计划的技术专家。他初来乍到的首要工作之一，便是要求取得20世纪70年代调查的原始资料；他发现，把每个县的登记数目加总之后，光是四川省就有4000只左右的熊猫，大约是正式对外发表数字的四倍。麦金农客气地询问了其中的差距何来。他说："他们就只是看着我，好像我是白痴一样。"[7] 其中一组数字是用来说明每个省份在熊猫保护计划中的重要性，另外一组则是用来向外界提出警示，说明这个物种的困境。"他们很惊讶我会那么天真地以为这些数字会兜得拢。"

因此，有必要重新实施一个全新的、更严谨的调查。于是，在1985—1988年，一支35人组成的中国－世界野生动物基金会团队，便有系统地调查了一个又一个的县市。他们的任务是找出熊猫的分布区域并估算出熊猫的数目，同时也收集有关森林、竹子与当地居民的基本资料。他们计算出的数字是1120±240只。这个数字有个小小的问题。简单地比较第一次与第二次调查的数据，会发现熊猫的数目增加了，但其他迹象却显示出相反的情况。麦金农说："它们的分布区域缩小了，竹林分布区域也缩小了，而且竹林的规模也缩小了。"不过第二次的调查至少可以作为衡量未来发展趋势的标准。

十多年过后，又到了再次进行调查的时候，这次调查的时间是在1998—2001年，一样是由中国国家林业局与世界野生动物基金会进行合作。不过有更多数据可以辅助调查。从空中或太空拍摄的照片可以看到熊猫栖息地的大致现状，以及越来越分散的情形。除此之外，调查团队也开始收集粪便，以利后续的实验室分析。在开展中国－世界野生动物基金会的合作计划的卧龙地区，研究人员发现他们可以依据粪便中残存竹枝碎片的大小，分辨出熊猫幼崽、亚成年熊猫与成年熊猫，碎片越大，熊猫一口咬下的竹子越多，熊猫体型也越大。在秦岭，潘文石和他的同事更进一步计算了粪便中竹枝碎片的长度，用以推断出种群的规模。这个调查团队也采用相同的方法，想判断出粪便的主人。虽然这不是精确的科学方法，不过借助测量熊猫排泄物中竹枝碎片的长短，可以断定周围的几堆粪便是否是同一只熊猫所留，或是还有其他熊猫。对于大熊猫这种诡计多端的物种，必须仔细审视许多不同长度的竹枝碎片。第三次全国调查收集了将近3800份粪便，属于1596只不同的熊猫。相较于之前的调查，熊猫种群数目明显增加，一般认为其原因是因为调查方法更加严谨，而不是熊猫数量真正增加了。

虽然这是最近、最精确的估算，整体数据还可能因为更新的科技的引进而出现新的变化。自20世纪90年代后期以来，研究粪便中所含的DNA——专业名称为分子粪便学——已经成为非常有用的方法，可以用来评估稀有与难以捉摸的动物的种群数量。这项技术也可以显示种群内的性别比例，而且如果研究人员可以取得同一个体一个以上的样本，他们也可以开始描绘动物移动路径的大致情况。这种基因研究的成本一直在降低，因此这项科技越来越有可能运用于下一次的熊猫数量调查。事实上，已经有一个国际研究团队利用分子粪便学来估计四川北部“王朗自然保护区”内的熊猫数量。

第一次全国调查估算这里的熊猫种群规模大概有196只。到了20世纪80年代，第二次全国调查的结果出炉时，数目却陡降到只有19只，第三次全国调查时则略微上升到27只。不过，时隔没几年，经过彻底地收集王朗地区的熊猫粪便并抽取其中的DNA加以分析之后，似乎显示当地至少有66只熊猫，公母约略各半。重点是，在很多情况下，他们发现原本利用“咬口大小技术”所显示的证据认为属于同一只熊猫所排的相邻粪便，其实来自两只不同的熊猫。事实上，熊猫种群数目并没有增长，连第三次全国调查都低估了它们的数目。如果在整个大熊猫的分布区域内，族种数目都出现了系统性的低估，那么他们可以据此推断："大熊猫在野外的数量应有 2500—3000 只。"[8]

如同熊猫研究在历史中所遭遇的不顺遂一样，有些研究人员认为单一保护区内的发现不一定能适用于整体种群，对这项研究也多有挑剔。戴维·加谢里斯（David Garshelis）和他的同事在一篇文章中强烈批评王朗研究的方法，他们写道："这是一个糟糕的假设。"[9] 王朗论文的作者也加以反击，坚决维护他们的方法，并再次强调他们所采用的方法可以让目前估算的熊猫数目更加精准。[10] 中国科学院动物研究所动物生态学与保护生物学课题组组长、王朗论文的资深撰稿人魏辅文说："第三次全国调查并未纳入约占种群比例 20% 的幼崽。我们认为我们的预估很合理。"[11]

因此，在本书撰写期间，我们对熊猫种群的了解程度还不够：我们没办法具体掌握熊猫数目在过去四十年间的变化情况，也没有办法确定熊猫的总数。如果不知道野外有多少熊猫，就无法确定是否需要让种群数目增加以及种群是否可以容纳其他的个体，而且也无法评估那些出于善意而对熊猫种群所做的干预的影响。在这些不确定的状况之下，熊猫的野化外归不会取得多大进展。更糟的是，可能还会有害：2000 年报告的一位撰稿人提道："野外种群与重回山林的熊猫都可能有潜在危险，例如疾病的传播以及社会互动上的问题。"[12] 如同我们以下将探讨的，这的确是非常具有远见的看法。

虽然野化外归这个议题仍有不少有待解决的疑问，2000 年的报告也认为人工饲养的熊猫一直增加，不久就会有足够的数目可以"利用一些个体来进行野化外归试验，为未来熊猫的重回野外提供一些必要信息"。这项做法符合成功野化外归的第二个条件：为动物做好野化外归的各项适当准备。

在这份专家报告于2004年出版时，卧龙的中国保护大熊猫研究中心已经开始拟订野化外归实施计划。他们挑选了一只熊猫来接受训练，这是一只名叫祥祥的年轻公熊猫。它于2001年出生于研究中心，身体健康强壮；自2003年起，卧龙的工作人员开始让它过着与人隔绝的生活，渐渐增加它的圈地范围，并让它以野外生长的竹子为食。卧龙研究中心的副总工程师周小平说："我们认为三年的训练对它来说已经够了。"[13]

因此人们选定一个日期，来进行祥祥的野化外归工作。2006年4月28日，在好几位高层官员的观看之下，兽笼的栅栏渐渐升起，祥祥走了出来，缓缓地走向山坡，身上佩戴着一个项圈，可以让卧龙研究中心的研究人员接收到它的卫星定位坐标。但是在2007年年初，它的信号却不见了。大约四十天之后，也就是2007年2月19日，搜寻队伍发现它陈尸在雪地之中。我们实在很难——事实上根本不可能——知道祥祥发生了什么事，不过卧龙的工作人员深刻地自我检讨之后达成结论，认为在加强祥祥的觅食技巧方面，他们下的功夫还不够。它的伤势——肋骨断裂、器官受损——来自它不断与其他公熊猫发生打斗，而它在人工训练阶段里对此并没有做多少准备。这虽然是个不幸的事件，不过却提醒研究人员在从事野化外归工作时，应该要更为谨慎。周小平说："下次，我们会把更多因素纳入考虑。"

那么下次的野化外归作业，会有什么不同的样貌呢？祥祥带来的教训之一就是让研究人员知道不可以选择雄性。大家广泛同意的是，雌性较不会遭受攻击，比较容易被野生熊猫接纳。这个基本准则还有几种不同的变换类型，不过都着重于熊猫成长的早期阶段。其中一项是让母熊猫在一个大型的自然圈地里生产，使熊猫幼崽少有与人类接触的机会，在它长得够大之后再放回野外，不过前提是它必须是母的。另一个则是将母熊猫与熊猫幼崽一同野化外归，希望母子都能融入野外生活。甚至还有人说可以把怀孕的母熊猫野化外归，这样的话，它的小熊猫出生时就完全不会接触到人类。周小平说："我们会找出一个方法，一定会让野化外归成功。"卧龙目前也正在进行一项研究计划，希望能够在人工环境中出生的熊猫为野化外归做准备时，记录下有关它们的活动与行为的珍贵资料。

这些听起来都很可行，只不过目前要达到成功野化外归的第三个标准，还有一大段路要走：即使野化外归作业得到生物学学理的支持，而且做法也已经十分完备，但是，除非能够先减轻野外种群的生存压力，否则野化外归对熊猫的保护工作也不会有多大帮助。

2006年，第一只大熊猫的野化外归造成了极大的轰动。但是，在不到一年的时间里，这只公熊猫祥祥被人发现陈尸荒野，极有可能是在入侵另一只公熊猫的领域后，遭受攻击而死

如同《大熊猫：生物特性与保护计划》（*Giant Pandas: Biology and Conservation*）一书的作者于2004年时所论断的一样，人工饲养的熊猫在整体的保护工作方面，最多只扮演了“协助性的角色”[14]。

然而，在几百只人工饲养的熊猫之中，让一只或更多的熊猫回归野外的确是个美妙的主意，对大众也有极大的吸引力，因此类似的计划必然还是会实施。不过再怎么说，野化外归终究只是辅助措施，真正重要的是野生熊猫的保护。接下来，我们就利用本书剩余的篇幅来探讨一下这个棘手的难题。

自从第一个熊猫专门保护区，王朗国家自然保护区于20世纪60年代设立以来，中国的熊猫保护事业已经有了十分惊人的进步。如同我们先前所了解的，国家林业局已经增加了六十个以上的熊猫保护区。用上面短短两句话描述这个转变让它听起来很容易，但是，以如此根本的方式改变土地的使用形态必须有十足的勇气、大量的金钱和解决问题的智慧。一个保护区成立的过程也许更能让人了解其中牵扯的千头万绪。

你也许还记得当初潘文石在陕西秦岭进行长期研究计划时，遭到当地林业部门冷眼相待，最后不得以栖身于长青林业局这家国营伐木公司，在他们所管理的森林中进行研究。潘文石指导的首位研究生，后来成为他在北京大学自然保护与社会发展研究中心接班人的吕植说：“塞翁失马，焉知非福。这让我们有机会可以好好观察伐木带来的改变。如果我们在自然保护区内，就无法亲眼看见这些转变。”[15]

到底是哪些改变呢？20世纪90年代初，森林开始承受更大的压力。在此之前，研究人员与国营长青林业局的工人相处得十分融洽。不过自由市场改革的浪潮却开始席卷中国，忽然之间，伐木公司有了将运营规模扩大的需求，开始将大片森林砍伐殆尽，以追求更高的利润。动物学家在利用无线电追踪他们的明星母熊猫娇娇与其他熊猫的时候，越来越觉得这些改变逐渐对熊猫造成了威胁，对他们的研究工作也是一样。吕植回忆道："我还得跟林业公司交涉，让他们不要把娇娇即将要产崽的地方附近的树砍掉。"她替娇娇争取到一次机会，不过维持不了多久。"他们说他们明年还会再来。"

面对这种难以为继的处境，研究人员开始向不同层级的政府官员表达他们的忧虑。一开始，没有人愿意听。不过1993年，在一场熊猫会议中，潘文石的团队写了一封信，内容关于持续的伐木对熊猫可能产生的影响。他们的建议受到二十八位国际科学家的签名附议，呼吁设立一个新的熊猫保护区，并且坚决表示必须完全禁止区域内的伐木行为。这是一项大胆的提议。更大胆的是，他们把信寄给了中国国家主席与国务院总理。出乎他们的意料，这个计划获得了许可，中央政府拨款800万美元，重新安置了长青林业局的几千名员工，并替他们另寻工作。1995年，世界银行的全球环境基金（Global Environmental Facility）另外提供了450万美元，"长青自然保护区"因此得以成立。这对娇娇还有它的同伴来说可是大好消息。潘文石写道："这是我们最期待的情况了。"[16]

几年之后，吕植重回这里，发现她曾居住过十多年的伐木营地已经变成了新保护区的野外工作站。她写道："两侧山谷的伐木道已经长满了植物。几年前被砍伐得光秃秃的土地上，桦树与竹子已经再次生根，熊猫也会偶尔来逛逛。"[17]

长青地区的转变预示了后来的趋势，中国即将展开两项世界上最宏伟的生态复原计划。1997年，黄河流域经历了长达半年以上的严重旱灾。然后，1998年的夏季，大量的降雨又在长江流域造

模范母亲娇娇与它在长青所养育的众多子女之一。很不幸，这只明星熊猫与它的第七个小孩在 2001 年 3 月被带到西安市附近的楼观台森林公园饲养，没过几年，它们在那里死去

成严重的水患。洪水冲走无数房屋，致使数千人丧命，数十万人无家可归。所造成的损失与随后的防洪工程建设耗费了数十亿美元。

数十年来的森林砍伐成为众矢之的。在没有树可以吸收雨水的情况下，山地的雨水直接流至河里。中国政府迅速做出反应，提出了两项规模宏大的计划：1998 年推行的天然林资源保护工程，以及次年实施的山坡地利用转换计划。天然林资源保护工程的目标是以更新、更严格的措施来保护天然林。其中一项更具体的目标是在 2000 年以前停止黄河与长江上游区域的所有商业伐木行为。山坡地利用转换计划，俗称为退耕还林工程 [18]，目的则是将陡坡上的农耕地转变成草地与林地。1999 年，试点工程开始在四川、甘肃与陕西三个仍有野生熊猫分布的省份实施，2003 年，这项方案开始推行至全国。

这些计划是如何实施的呢？这些计划造成了很大的社会变动，而且也付出了相当的代价。1998—2000 年，中国政府在天然林资源保护上投资了 26.9 亿美元，还允诺在 2010 年前另外拨款 116.3 亿美元持续推行这个计划，大部分款项都将用于林业工人的退休、再安置与再培训。有人也预估在同一时期，政府对于退耕还林将需要投入 400 亿美元，大部分的经费将用于补偿农民耕地无法产出作物的损失。

如同长青自然保护区一样，自然保护区所在地区的发展方向出现了大幅改变，从事林业管理相关工作的人员数量在短短几年之内大幅攀升。这些以伐木为生的人，在砍伐禁令宣布之前，不愿意接受他们所工作的森林也是熊猫家园的事实。这样会使他们难以维持生计，甚至无法生存。不过，在砍伐禁令宣布以后，同一群工人在被迫另找收入来源的时候，突然发现熊猫现在已经变成了一种资产。这种现象也可以解释为何熊猫的专门保护区，会从禁令宣布前的二十个左右，达到今日的六十个以上，而且还以每年好几个的速度增加。

2006 年，联合国教科文组织将一大片熊猫栖息地列为世界自然遗产。四川大熊猫栖息地在邛崃山脉及邻近的夹金山脉占有 100 万公顷左右的面积，包含了七个自然保护区、九个风景园区，且是现存最大的连续性熊猫栖息地，有 30% 左右的野生熊猫种群。在约略超过总面积一半的核心区域里，人类活动将减到最少："在这个区域内，不准从事伐木、猎捕、焚火、采集药草、居住、开矿与工业等活动。"[19] 在环绕的缓冲区内，人类活动必须严格予以限制。

当然，区内所保护的不只是熊猫而已。具有世界遗产地位的四川大熊猫栖息地拥有五千种以上的植物，大约是法国境内所能发现的各种植物的总和，但法国的面积却是这片中国山林的五十倍。因此，这里是除了热带地区之外，全世界拥有最丰富珍贵植物资源的地方。这还没包括当地无数让人赞叹不已的哺乳类、鸟类与其他不起眼的物种，其中很多都是世界上绝无仅有的物种。

天然林资源保护工程、退耕还林工程与四川大熊猫栖息地世界自然遗产都是中国的绿色凭证，说明这个国家越来越重视环保。事实上，对于喜欢批评中国的西方人而言，以下是一些他们应该多加注意的事实。中国有巨大的人口数量（13.3 亿人，约为世界人口总数的五分之一），很显然应该会对世界环境造成重大冲击。然而，在独生子女政策之下，虽然衍生了难解的伦理问题，数以百万计的中国家庭也为此付出了痛苦的牺牲，但是却让中国的人口增长率低于世界平均增长率（0.49% 对照全球的 1.13%）。[20] 即使中国的人口超过美国的四倍（13 亿比 3 亿），中国的生态足迹还比美国少（24 亿 5600 万全球公顷比 27 亿 3000 万全球公顷）。[21] 在 2009 年，中国对于清洁能源产业的投资额高居全球第一，为 346 亿美元，约为国内生产总值的 0.39%，美国只有 186 亿美元，约为国内生产总值的 0.13%。[22] 在森林复育方面，以中国的各项数据与地理面积占全球的比例来看，它的努力更超越其他国家，推行诸如天然林资源保护与退耕还林等大规模的计划方案，每年的植树面积约为 400 万公顷，所种下的树木数量可能比全球其他各国的植树总和还要多。[23]

虽然如此，中国的人口还在持续增加，聪明的读者可能也早已算好，13 亿人口在 0.49% 的增长率下，每年约增加 600 万人口，事实上，这个人口增长数量大约让中国每年多出一个大城市。除此之外，中国的经济也正以惊人的步伐快速扩张；自 20 世纪 70 年代以来，每年的增长率接近 10%。[24] 在全球的国内生产总值排名中，中国仍然位于美国之后，不过两国经济若各自以目前的速率增长，中国将在不久之后成为世界第一经济强国。如果事实果真如此，中国的生态足迹量必然会增加，从而会对自然界造成更大的压力。

即使中国有办法保护自己的天然资源，这种压力也只会转移到其他地方。天然林资源保护和伐木禁令都可清楚地说明这种情况。通过这个政策，中国或许有办法保护一些境内的林地，但还是需要从其他国家取得木材资源。在伐木禁令于1998年生效之前，中国每年进口的木材材积约为400万平方米。禁令颁布之后，这个数值迅速飙升。2004年世界野生动物基金会委托撰写的一份报告预测，2010年，中国为了满足不断扩大的发展需求，材积进口量将达到惊人的1.25亿平方米。[25] 虽然这会为其他国家带来短期的经济效益，尤以俄罗斯、印度尼西亚与马来西亚为最，但我们必须担心这些国家森林的未来处境。

那么，我们应该怎么办呢？在过去的二十年里，保护专家已得出结论，认为如果我们要控制人类对自然环境的影响程度，就必须研究人类与自然的关系（而不能只注重自然）。唯有如此，我们才能制定合理的、以证据为基础的管理决策。密歇根州立大学的系统整合与可持续发展研究中心对这个议题有特别深入的研究。自20世纪90年代起，该中心的一个研究小组就已经研究了卧龙自然保护区内人类、森林与熊猫之间的关系，而且已经有了不少重要的发现，其中有些令人相当不安。

在中国所有的保护区中，卧龙获得的经费应该是最多的，其研究规模与取得的成果也排名第一。如果说大熊猫是动物世界的主打明星，那么卧龙就是保护区的标杆样板。由于保护区也有人居住在内，因此卧龙是一个研究人类对自然影响程度的不错地点。密歇根州立大学的研究人员一直持续收集园区内的各种资料，譬如过去与现在航拍图与卫星照片所显示的森林涵盖面积、竹林分布的实地考察、粪便遗留物中的熊猫信息、政府公布的人口规模数据以及对保护区内所有家庭的一对一访谈与调查。

经由该地区分别于1965年、1974年与1997年所拍摄的航拍图，可以判读出1975年保护区正式成立后对熊猫栖息地的影响。熊猫栖息地的数量与质量在1974—1997年持续滑落，而且栖息地减少与分散化的情况也已经恶化到跟保护区外没有什么差别。[26]这种现象的产生原因似乎与当地的人口数量有关，人口数量在同时期内增加了70%，总户数则多了一倍以上。[27]

通过收集人口数据与人类行为、森林与其对熊猫的适居程度等资料，研究人员观察到一些现象，可为中国政府提供完备的信息，思考如何在这么复杂的情况下制定保护政策。譬如，卧龙地区的民众收集柴火用以煮食与取暖的行为，对熊猫的栖息地造成了重大的影响。在1984年，保护区当局发布了一系列管理规定，想减少这些影响。很不幸，虽然民众大体都知道这些规定（几乎70%的家庭至少知道其中一项规定），不过民众的行为却依然故我（一半以上知道这些规定的人还是照常四处收集柴火）。[28]另外，由于村民必须到更偏远的地方才能找到柴火，他们也比以前砍伐更多熊猫栖息地内的优质林木。

有一个解决办法是鼓励居民舍弃木材，转用电力能源，不过他们却不愿意。[29]密歇根州立大学的研究人员仔细分析了背后的原因后，相信如果政府能够提供补助，加大电压以改善供电质量，并减少停电的情况，用电户数就会增加。这些改变都需要中央与省政府的支持。

另一项可以明显降低人类对卧龙熊猫栖息地影响程度的方法，是缩小区内的人口规模。[30]有很多方法可以缩小人口规模。在20世纪80年代与90年代初期，中国政府曾试着将整户人口迁出，但是效果不是很好，原因大部分是因为老人不愿意搬走。密歇根州立大学的研究显示，可以将重点改放在移出年轻人而不是整个家庭。

其中有几个考虑因素：年轻人比他们较年长的亲戚更愿意移出去，有趣的是，他们的长辈还会支持他们到外头去；另外的好处是，留在保护区内的年老民众不太可能像年轻人一样另立家庭，使人口增加；而且由于煮食与取暖柴火的收集者大部分都是年轻人，让人口组成产生变化也可以缓解熊猫栖息地的恶化。

另一项减轻人与自然环境之间紧张关系的方法是鼓励当地民众改变生活形态，降低对四周环境的破坏，例如放弃农业，改从事旅游业。四川是绝佳的旅游地点。省内拥有5个被联合国教科文组织列为世界遗产的景区，超过20个国家级自然保护区，6个具有历史与文化重要性的都市，其他最著名的莫过于闻名世界的辣味美食，这些特色让四川省旅游局在过去十年之内积极推动旅游事业，使省内旅游业快速发展。[31] 在2000—2007年，四川的年旅游收入增加了五倍，从250亿元人民币增长到1250亿元人民币，旅游收入从占该省生产总值的6.4%提升到11.6%。这使得观光业对四川省的重要性超过中国任何其他的省份。

在同一时期内，熊猫保护区的旅游业也经历了类似的发展。以卧龙自然保护区为例，年观光人数从2000年的13万人次增长至2005年的20万人次以上。这些游客带来的经济效益对居住在保护区内的民众当然有所帮助，但是，熊猫面临的压力也因此减轻了吗？那倒不尽然。

生态旅游经常受到推崇，拥护者认为这种方法不但可让居民得以维持生计，其周围的自然资源也可获得保存，让两者建立起可持续发展的关系，其中的论据是如果游客付出大笔钞票，在经良好保护的原始森林中漫游（他们的确愿意），当地民众就有动机来保护森林。很不幸，这个迷人的发展模式几乎没办法达到一开始所宣扬的可持续性。

大部分原因是因为生态旅游的成本与效益没有办法平均分配每个人身上。这种事业必须投入大量资本进行初期投资与开发，此时受益者通常是对当地社区没有长期经营兴趣的外来承包商。当地民众，也就是应该从生态旅游事业中获得更多权利的那一群人，在这个阶段得不到什么利益，反而因为社区生活遭受冲击而必须付出代价。他们能够得到的或许只是一些基础设施，让他们可以从中讨个生活，可能是在饭店或旅馆内工作，或是向有钱的游客兜售一些纪念品。但问题是，这些机构只能提供少数的工作机会，而且其中的大部分员工还是外来的技术劳工，而非本地的非技术劳工。因此，生态旅游开发可能会产生反效果，增加敏感自然地区的人类碳足迹，却无法让当地民众参与，而他们的参与对长期可持续发展来说是十分重要的。

根据密歇根大学研究团队的一份研究，卧龙自然保护区的生态旅游产业可能会产生上述的一些问题。他们在《环境管理》(*Environmental Management*) 杂志中写道："大部分的投资将来自外部经营者，雇用的员工大部分也来自外地，大部分商品也都采购自区域外的城市。"他们的结论是："农村民众获得的利益少之又少，即使是已经产生的好处，获益者也仅限于一小部分的农户，而且他们通常居住于远离熊猫栖息地，对栖息地的潜在影响较少的地方。"[32]

2008 年 5 月 12 日，一场巨大的地震使得四川地动天摇。[33] 死亡人数超过 9 万人，数万人受伤，至少 500 万人无家可归。位于震中附近的卧龙自然保护区内有 100 人丧失性命。地震带来了严重破坏，所有的野外工作站、村庄里 98% 的房屋与好几所学校，不是倒塌就是结构毁坏，无法再次使用。繁殖中心的 32 个熊猫场馆不是全毁就是半毁。当时住在里面的60只以上的熊猫被移往雅安碧峰峡基地安置，这个基地也同样隶属于中国保护大熊猫研究中心，是国家林业局于2003年兴建的备用基地。除了卧龙自然保护区之外，超过30个其他熊猫保护区都受到地震的严重损坏。中国科学院的魏辅文说："这场地震几乎摧毁了过去二十年建立起来的保护网。"[34]

不过地震对熊猫本身似乎没有造成多大伤害。可能有一两只熊猫因此死亡，也许被崩落的土石压到，熊猫栖息地可能也受到了一些损害。但是，就这场地震的短期影响而言，根据密歇根州立大学的研究员刘伟的看法，在人类移出栖息地后，熊猫面临的压力将会小一点，移入以往游客而非熊猫经常造访的地方。[35] 在长期影响来看，约翰·麦金农认为这场地震可能对熊猫有好处。"地震留下了许多裸露的山坡，竹子很快就会生长，形成百分之百的植被覆盖层。"[36]

在地区重建方面，这场地震也提供了一个机会。吕植和其北京大学与山水自然保护中心的同事在《保护生物学》（*Conservation Biology*）杂志上发表了一篇文章，对灾区复原提出了几项重大建议：栖息地的复原应纳入整体计划之中，而且必须尽力改善森林覆盖面积，并提倡在分散栖息地间兴建连接廊道；新的水坝、道路与建筑物必须具有更严谨的建筑标准；同时也要重新思考民众居住地点以及周遭土地的使用方式。他们写道："地震后的重建工作，提供了一个进行革命性改变的契机。"[37]

这将会是一个严峻的挑战。[38] 栖息地复原与栖息地廊道的修筑，如同野化外归生物学一样，还是一门刚起步的学科。在一篇最近出版的统述文章里，研究人员检视了78个廊道有效性实验，确认在一般的情况下，廊道的确可以增加动物在不同区块间的移动。

不过即使是运用在熊猫这种经过许多研究的物种上，如果保护人士想兴建廊道，让熊猫在孤立的竹林区块中穿梭来去，还是必须先取得几项重要的信息。譬如，建立熊猫活动的一般规律仍然是个危险的游戏。我们现在所知的具体数据只有一点点，而且呈现出相当混杂的样态，每个熊猫栖息地中的熊猫活动规律都有一些差异。由胡锦矗与乔治·沙勒共同领导、在邛崃山脉进行的中国－世界野生动物基金会的研究证明了熊猫每年大部分时间都待在高海拔区，主要采食的竹子种类是箭竹，但在夏季时会迁移到山下，采食当季盛产的伞竹。[39] 相较之下，长青地区的研究与佛坪自然保护区的平行研究，却透露出秦岭地区的情况正好相反。[40] 在这里，熊猫每年大部分的时间都在低海拔区食用某一个种类的竹子，夏天却会快速上山，找寻另一种竹子。在思考将破碎的栖息地连接起来时，摸透熊猫的活动地点是很重要的事，但它们的活动规律却因地而异。

同时我们也必须将距离更长的移动行为纳入考虑：譬如，熊猫如果真要到远处去，可以走多远；它们什么时候会展开这种旅程；何种性别的熊猫较常远行到别的地方。不过，到目前为止，我们还没有取得这种信息。举例来说，中国－世界野生动物基金会计划的研究人员就认为邛崃山脉的雄性比较会漫步：它们的移动范围比较广，而且有时候人们还会看到跑去“远足”的个体。然而在秦岭，潘文石的研究团队发现了雌性到处活动的证据，它们常常在短时间内移动几十公里。让事情更为复杂的是，魏辅文和同事利用收集自粪便的 DNA 数据，发现有证据显示公母熊猫都会四处漫步，母熊猫更倾向于散居各处，可能是在外出寻找合适的产子巢穴。[41] 如果想让熊猫利用廊道行走在两块分隔的栖息地之间，知道熊猫移动的距离会有多远是很重要的一件事，中国政府目前正在资助这方面的研究。

除此之外，我们还需要有廊道最佳修筑方式的具体数据。“盖好了，他就会来了”这句出自1989年好莱坞电影《梦幻之地》（*Field of Dreams*）的神灵呢喃，可不会适用于熊猫栖息地廊道的兴建。潘文石的博士生之一，同时也是吕植北京大学自然保护与社会发展研究中心同事的王大军说：“不是种好一片竹林，就能期待熊猫会跑来。人类看起来像是廊道的东西，对熊猫来说不一定如此。”[42]

假设我们可以了解如何兴建一条熊猫会使用的廊道，也必须找出修筑这种廊道的最佳地点，王大军和他的同事目前也正在进行这方面的努力。他们正在研究一大堆需考虑的因素，包括两块栖息地之间的距离等地形学的因素，植被与其对熊猫的适宜度等生物因素，以及当地的人口规模、开发程度、土地使用类型等人为因素。王大军说：“我们的研究应该有助于找出可以成功设置廊道的最佳地点。”

从他的研究中，我们可以得出一个无可避免的结论，那就是在某些廊道修筑没有多少成功机会的地方，我们必须承认与接受栖息地破碎分散的事实，这种情况如果不是永久性的，在可预见的将来也会是如此。这种退让有其重要性。环境保护人士关心自然界，但是他们也关心人类的福祉。举例来说，大部分人都会认同中国西部地区开发计划的广大目标，这个计划于2000年开始推行，旨在加速中国西部的开发，使其赶上相对富饶的东部地区。中国的西部地区急需交通、能源与通信等基础建设，这些大部分的人都能理解，但他们也希望中国美丽的景点、丰富的文化与生物的多样性等资源不会因此永久消失。

如何一方面改善数百万人的生活水平，同时又兼顾对自然界的保护，两者之间如何平衡，可能是最艰难的任务。如同熊猫研究者为了追寻这个物种必须在陡峭的山岭之间找出一条路一样，保护生物学家在努力顾及这两个目标之时，也必须摸索着绝路往前迈进。他们成功的机会很渺茫；地形多变难测，坡陡险峻难行，很容易便会失足掉落。失败的概率既然这么高，是什么动力鞭策着这些人义无反顾呢？对吕植来说，答案其实很简单。她说："就是知其应所当为而为之。"[43]

在过去一百五十年的进程里，大熊猫受过许多苦难，失去了大片大片的自然栖息地，野外的种群也因为收藏家与盗猎者的猎捕，以及我们想在人工环境中看到它们的欲望而不断减少。虽然经历了这些不堪回首的过往，熊猫现在可说是过着相对不错的生活。野生动物保护协会的资深动物学家乔治·沙勒在结束中国－世界野生动物基金会的合作计划，将他的经验付诸笔墨，向普通大众诉说他的感想时，他说他想"写一本不只是有关另一种动物逐渐消失的怀旧书籍，也要写一本充满痛苦的历史，但在最后以希望的光芒收尾的书，一本有关罪恶与救赎的寓言"[44]。不过尽管挖空心思，当时实在鲜有可以让他可以乐观的事，这让《最后的熊猫》读来更像是一本美丽悲戚的挽歌。如果沙勒能够等待另一个十年，他也许可以发现他所寻找的希望之光。事实上，在十年之后写给《大熊猫：生物特性与保护计划》这本书的序言中，他的态度已经开始趋向乐观。他写道："20 世纪 80 年代，熊猫逐渐笼罩在灭绝的阴影之下，这让我绝望不已。不过现在，在这个新的千禧年里，我觉得如果迅速做出正确的决定，熊猫一定可以继续存在，不但作为动物保护的活广告，而且也是熠熠生辉的演化奇迹。"[45]

乔治·沙勒绝对不是唯一一个对大熊猫前景满怀希望的人。在《大熊猫》一书的结论中，编者唐纳德·林德伯格（当时任职于圣迭戈动物园）与卡伦·巴拉戈纳（Karen Baragona，任职于美国－

世界野生动物基金会）强调：“熊猫的存亡绝续就在今日，要挽救大熊猫，今日就是最佳时机。”[46] 2009年，几位主要的熊猫专家（包括罗恩·斯威古德、戴维·维尔特与魏辅文）也得出了以下的结论：“大熊猫的未来应该充满光明，因为它们深受大众喜爱，又有中国境内与境外的财力与制度支持，而且中国国家林业局也展现了十足的政治意愿，全力抢救这种中国人视为国宝的珍奇动物。”[47]

以下是他们审慎的乐观背后的一些成就。中国政府已经投入了大量的资源保护他们的“国宝”，建立了中国最大的国家公园网络，设立了60个以上专门的熊猫保护区，涵盖面积为适宜栖息地的70%以上，约涵盖野外种群数量的50%。20世纪80年代颁布的法律，也已经使熊猫盗猎的案件大幅减少。禁止在易受破坏的熊猫栖息地砍伐树木的命令已经收到了巨大成效，退耕还林的政策也使中国的森林复育面积超过全世界其他国家的总和。与此同时，科学家也已经精通了人工环境中的熊猫繁殖技术，使得人工饲养熊猫的种群现在已可自我延续。相当重要的是，这表示以后再也不会有自野外获取熊猫的需求。

在这段时光旅程之中，中国民众也遭受过许多苦难，在19世纪的鸦片战争、20世纪30年代的日本侵略、20世纪40年代的国共内战、20世纪50年代末使发展倒退的“大跃进”，或是随后爆发的“文化大革命”等事件中受尽折磨。不过，就如同大熊猫保护一样，中国的发展也渐有起色，在过去二十年里，人民生活水平获得大幅提升，经济持续快速增长，学术机构日益精进壮大。中国民众已有办法将他们在20世纪里必须咬牙吞落的创痛抛诸脑后，在21世纪展开全新的生活。我认为熊猫与中国经历这样类似的命运并不是一种巧合，尽管这只是我个人的一己之见。

观察熊猫与人类互动的后续进展将会是一件有趣而且有益的

事。在此，或许我们可以再回到四川的宝兴县，那是十二章之前本书开始的地方。如果你从雅安市展开一场旅程，沿着宝兴河，往上游因阿尔芒·戴维而出名的邓池沟天主教堂走去，你会发现自己穿越无数处于工业革命洗礼中的农村社区。沿途你会看到工作坊、工厂、矿山以及一座又一座的水力发电厂。然而这个遭受破坏的山谷两旁的山脉中却坐落着“大熊猫栖息地世界自然遗产”，有着最高的环境保护标准。宝兴县这种开发与保护并陈的紧张关系，目前也在发展中国家到处上演着。不过宝兴县与其境内的熊猫值得我们特别关注，因为两者都在中国境内，这个国家已具备雄厚的经济实力，可以主导世界上每个生物的未来，使其未来变好或变坏。

宝兴这个矿业城市的市区位于遭受污染的宝兴河沿岸，但是其两旁高耸的山区却是作为大熊猫栖息地的世界自然遗产

后记
两种熊猫，两个世界

我希望你会觉得这场人类与熊猫的互动之旅充满乐趣。当这只黑白相间的熊从竹林里的隐蔽处露出身影，换上一个全新的身份，成为动物世界主宰的同时，我们也见证了中国挣脱殖民压榨的羁绊，换上中华人民共和国的新装，崛起成为今日令人生畏的强大国家。

如同我一开始所说的，大熊猫除了毛色之外，实在没有什么黑白分明之处。当我独处之时，我常思索当我们想到熊猫的时候，脑中浮现的究竟是怎样的形象。是活生生的熊猫，还是虚拟的形象？如果你从来没有看过熊猫，你必须完全借助经过包装的文化产品来认识它们，可能是比较真实的野生动物纪录片里的熊猫，也可能是《功夫熊猫》中虚构的主角阿宝，或是介于两者之间的角色。如果你跟我一样在动物园里看过熊猫，那么你心中的熊猫形象可能就比较接近真实。不过即使你是世界上极少数曾经在野外亲眼看过熊猫的人，你想象中熊猫的样子，也不可能一点不沾染我们全球文化中无处不在的熊猫影像。

这个影像自从阿尔芒·戴维将他的熊猫装在箱子里运回巴黎开始，便不断地蔓延。这是一个断断续续向前演进的影像，每个阶段的接续都标记着每个第一：第一个把熊猫放在正确物种位置的分类学家；第一个亲眼看到熊猫并加以射杀的探险家；第一个将熊猫带出中国的收藏家；第一家繁殖出熊猫的动物园；还有争取研究野生熊猫机会的动物学家。其中的每步进展让熊猫渐渐从动物的角色转变成一种文化现象。不过若要我举出一个虚拟熊猫的形象大步跃进的年代，那会是20世纪60年代；而如果叫我聚焦在某一只熊猫身上，那就会是姬姬。

如同它之前的人工饲养熊猫一样，姬姬的身影也出现在绒毛玩具、明信片以及报纸杂志上。不过，与其他熊猫不同的是，借助划时代的电视节目《动物时间》，它的形象也深入了数百万个家庭中。姬姬与安安之间失败的恋情——极受瞩目的人工饲养熊猫的首次繁殖尝试——激发了专栏作家与漫画家塑造出一只甚至比姬姬更受欢迎的人形熊猫，一只具有政治野心、挑食，又对生儿育女没什么兴趣的熊猫。这种讽刺挖苦越来越刻薄，我相信这也可以解释在大部分英语世界中存在的一种奇特现象，也就是熊猫何以会同时受人喜爱但又常成为众人戏谑的对象。更重要的是，在彼得·斯科特爵士为世界野生动物基金会制作的标志中，姬姬成了全球动物保护运动的代言人，最让熊猫偏离其真实样貌，幻化成虚拟动物的缘由，莫过于这个举动了。就像最成功的品牌一样，世界野生动物基金会的熊猫变成了一个代名词，引发人们的正面联想：美丽、荒野、生物多样性、慈善、保护、快乐的未来。它也是一个优异的品牌，因为所有这些让人感觉良好的正面联想有助于募集很多善款，在世界各地进行保育计划。不过这种十足的商业性角色却使其他组织也跟着世界野生动物基金会有样学样，把熊猫印在数百种不同的产品上，从收音机到汽水，从巧克力到饼干，从甘草糖到香烟，使得到处都充斥着熊猫形象。

熊猫讽刺漫画在 20 世纪 60 年代开始风行，至今历久不衰

在这种商业化的潮流之下，中国政府与世界野生动物基金会从1980年开始展开合作，世界野生动物基金会在投资资金的基础上与中国政府签订合作协议，也就不足为奇了。没错，这个联合计划的确首创纪录，挖掘出了关于真实熊猫的一些事实，不过却也强化了大众想象世界里的虚拟熊猫形象。乔治·沙勒在《最后的熊猫》中写道："这项计划可能伤害了熊猫而不是帮助了它们，有了这种体会之后，我便有个挥之不去的阴影。很多人与好几个机构念兹在兹的无非就是熊猫的福祉，他们用意良善，无可置疑。不过要是熊猫能够一直待在茂密的竹林里，默默无闻，没有闻名世界的困扰，不被随之而来的贪婪所伤害，也许现在就不会有这么多人工饲养熊猫，不会有那么多熊猫在竹林枯死期间与之后被无谓地捕捉，也不会有那么多的繁殖站。"[1]

不过毫无疑问，其中的许多繁殖站，尤其是知名的卧龙研究中心与成都基地，对于熊猫的保护做出了许多贡献。它们提供了研究这个物种的机会，在野外环境下这是不可能的；他们成功地让人工饲养熊猫的数量增加不少，而且使之可以自我延续；它们提供了一个窗口，让大众更加了解熊猫，进而也更了解动物保护工作；而且他们也因为门票收入、商品销售以及与外国动物园的长期租借合约，而有办法筹集大量的保护基金。

但是，人工饲养的熊猫却戴着伪装的面具。我们很容易就可以看到它们；有人会准备好成捆的新鲜竹子，放在它们面前供其享用，有时候一天之内要喂食好几回；研究人员利用最先进的科学技术来协助它们繁殖；在熊猫数目足够的少数几个机构里，每年会有一只以上的熊猫幼崽出生，你可以在这里看到熊猫幼崽托儿所的景象，而且如果你愿意拿出几百块钱来，甚至可以与可爱的熊猫幼崽合影。

野生熊猫完全不是这样：在仍然适合熊猫居住的栖息地里，繁密茂盛的竹林让你几乎不可能看得到一只熊猫；它们是独居性的动物，每年只有几天会因为繁殖而在一起交配；它们不需要人工授精，不用保温箱，也不喝配方奶；你绝对没办法抱着熊猫幼崽，相片就更不用说了。因此，人工饲养的熊猫就像可爱的玩具、世界野生动物基金会的标志，以及英语世界盛行的熊猫讽刺漫画一样，有较多虚拟的成分，较少真实的部分。

不过不要误会我的意思，我非常喜欢虚拟熊猫。自从我开始进行本书的研究以来，我——还有我的孩子——已经收到了许多特别的虚拟熊猫礼物，包括T恤、明信片、生日贺卡、日历、相片、海报、毛绒玩具、筷子还有摩比世界（Playmobil）模型（我们现在已经收集了“熊猫家庭组”中的三个成员）。这些东西都让我们有一种亲切感，让我们感觉我们认识而且了解熊猫。但是，事情并非这样。我们并不了解熊猫。甚至我也是一样，虽然在成千上万有关熊猫的网站、学术文章、杂志与图书中，我已经读了不少。我们的日常生活中到处充斥着各种形象的虚拟熊猫，要一窥野生熊猫的庐山真面目实在很困难，尤其是过去二十几年来陆续出现的一些熊猫研究才开始揭露真实的野生熊猫模糊的模样。我希望这本书有一点小小的帮助，可以稍稍调整一下这种不平衡的现象，让你在看到虚拟熊猫时，不会被故弄玄虚的外表欺瞒，并且体会到难以捉摸的野生熊猫的神奇之处。因为除非我们承认它们之间具有重大差异，否则很可能我们所做的保护工作会沦为保护虚拟熊猫，而非真正的大熊猫。

野生熊猫之所以重要，其原因有很多。首先，真实的野生熊猫的持续存在（即使没有人可以真的看到它们）赋予所有形态的虚拟熊猫一种奇特的正当性。为了说明我的意思，请想象一下一个没有

成都动物园的游客表达对虚拟熊猫的喜爱之意

熊猫的世界：可爱的毛绒玩具不再让人想抱在怀里；世界野生动物基金会的标志不再是启迪人心的图样，而是标示着一种失落；在野化外归的希望已经完全幻灭时，人工饲养熊猫突然失去了意义，只能逗我们开心而已。野生熊猫本身具有的纯粹而简单的美，以及不可否认的神秘性。

野生熊猫的持续存在以及研究它们的机会让这个世界更加有趣。大熊猫栖息地同时也是地球上生物多样性最丰富的地区之一，因此保护这些栖息地同时也保护了熊猫之外的许多其他物种。但是野生大熊猫的保护工作，绝对不只是保护这些迷人的动物，或者同时也受益的其他数千个濒危物种而已。野生熊猫的保护已经变成对我们人类的一种试炼。

我对于人类这个物种可说是爱恨交织。人类的许多行为——贪污、贪婪、欺诈、窃盗、谋杀、战争、强奸——在我们求生存与繁衍的演化过程里，是那么经常出现，我不得不把人类看作一个必然迈向灭亡的物种。我们的这些习性，也不断挤压猫熊的生存空间，把它们逼入更狭窄、更孤立的破碎林地。但是，人类也有许多高贵的行为——同理心、决心、智慧与创造力——告诉我们自己不同于其他动物。我们有独特的能力可以为自己着想，也可以为一起分享这个地球的其他物种着想，想象要采取哪些行动，刻画出这个世界的远景。在熊猫的未来继续向前延展之时，野生熊猫还能有生存的空间吗？我希望会有。因为我现在正想象着两个世界——一个有野生熊猫，一个没有——我很确定自己想生活在哪一个世界里。

注　释

引言

[1] Desmond Morris and Ramona Morris, *Men and Pandas* (New York: McGraw-Hill, 1966), pp. 124-130.

[2] Chris Catton, *Pandas* (New York: Facts on File Publications, 1990), p. 65.

[3] Chris Packham, 'Let Pandas Die', *Radio Times*, 22 November 2009.

第一章

[1] 转译于 Peh T'i Wei, 'Through Historical Records and Ancient Writings in Search of the Giant Panda', *Journal of the Hong Kong Branch of the Royal Asiatic Society*, 28 (1988), pp. 34-43, p. 38。

[2] Elena E. Songster, 'A Natural Place for Nationalism: The Wanglang Nature Reserve and the Emergence of the Giant Panda as a National Icon' (San Diego: University of California, San Diego, 2004), p. 27；也可参见 Songster, *Panda Nation: Nature, Science, and Nationalism in the People's Republic of China*（即将出版）。

[3] 盖索恩·盖索恩－哈迪于 2009 年 9 月 12 日写给本书作者的邮件。

[4] 转译于 Peh T'i Wei, 'Through Historical Records and Ancient Writings in Search

of the Giant Panda', *Journal of the Hong Kong Branch of the Royal Asiatic Society*, 28 (1988), pp. 34-43, p. 40。

[5] George B. Schaller and others, *The Giant Pandas of Wolong* (University of Chicago Press, 1985), pp. 5-7.

[6] Armand David, *Abbé David's Diary: Being an Account of the French Naturalist's Journeys and Observations in China in the Years 1866 to 1869*, trans. by H. Fox (Harvard University Press, 1949), p. 3.

[7] David, p. xv.

[8] David, p. 4.

[9] David, p. 276. 戴维将其描述为"*fameux ours blanc et noir*"，这通常被译为"著名的黑白熊"。但乔治·沙勒在《最后的熊猫》中指出，"*fameux*"一词也可译为"一流的"。鉴于这是戴维第一次在其著作中提及熊猫，也没有证据表明他从前听说过熊猫，因此我在此处将"*fameux*"译为"完美的"。

[10] David, p. 276.

[11] 关于戴维此次前往邓池沟天主教堂之上的群山冒险的旅程，参见 David, pp. 278-282。

[12] David, p. 283.

[13] Fa-ti Fan, *British Naturalists in Qing China: Science, Empire and Cultural Encounter* (Harvard University Press, 2004), p. 80.

[14] David, p. 166.

[15] David, p. 46.

[16] David, p. 167.

[17] David, pp. 208-209.

[18] Jonathan D. Spence, *The Search for Modern China*, first edn (New York: Norton, 1991), p. 171.

[19] David, p. 170.

[20] David, p. 6.

[21] David, p. 253.

[22] David, p. 7.

[23] David, pp. 7-8.

[24] David, p. 278.

[25] David, pp. 174-175.

[26] 戴维从成都前往邓池沟天主教堂的旅程详见 David, pp. 266-272。

[27] David, 'Voyage en Chine fait Sous les Auspices de S. Exc. le Ministre de l'Instruction Publique', *Nouv. Arch. Mus. Hist. Nat. Paris*, 5 (1869), pp. 3-13.

第二章

[1] David, p. 283.

[2] 戴维也收集了另外两件熊猫标本，它们也被保存在巴黎国家自然博物馆，尽管它们并没有出现在米尔恩－爱德华兹的叙述中。

[3] Jim Endersby, '"From Having No Herbarium"; Local Knowledge versus Metropolitan Expertise: Joseph Hooker's Australasian Correspondence with William Colenso and Ronald Gunn', *Pacific Science*, 55 (2001), pp. 343-358.

[4] Jim Endersby, *Imperial Nature* (Chicago: University of Chicago Press, 2008), p. 137.

[5] 被引用于 Morris and Morris, p. 1。

[6] Alphonse Milne-Edwards, 'Note sur quelques Mammifères du Thibet Oriental', *Ann. Sci. Nat., Zool.*, 5 (1870), art. 10. 被引用于 Morris and Morris, p. 19。

[7] Armand David, 'Rapport Adressé à MM. les Professeurs Administrateurs du Muséum d'Histoire Naturelle', *Nouv. Arch. Mus. Hist. Nat. Paris*, 7 (1872), pp. 75-100.

[8] Dwight D. Davis, 'The Giant Panda: a Morphological Study of Evolutionary Mechanisms', *Fieldiana Zoology Memoirs*, 3 (1964), pp. 1-337, p. 16.

[9] Davis, p. 11.

[10] 'Serological Museum of Rutgers University,' *Nature* 161, no. 4090 (1948), p. 428.

[11] C. A. Leone and A. L. Wiens, 'Comparative Serology of Carnivores', *Journal of Mammalogy*, 37 (1956), pp. 11-23.

[12] Vincent M. Sarich, '"Chi-Chi": Transferrin', *Trans. Zool. Soc. Lond.* 33 (1976), pp.165-171.

[13] R. E. Newnham and W. M. Davidson, 'Comparative Study of the Karyotypes of Several Species in Carnivora Including the Giant Panda (*Ailuropoda melanoleuca*),' *Cytogenetic and Genome Research* 5, no. 3-4 (1966), pp. 152-163.

[14] Stephen J. O'Brien, *Tears of the Cheetah: and Other Tales from the Genetic Frontier*, first edn (New York: Thomas Dunne Books/St Martin's Press, 2003).

[15] 2009 年 10 月 24 日本书作者对奥布赖恩所做的访谈。

[16] Stephen J. O'Brien and others, 'A Molecular Solution to the Riddle of the Giant Panda's Phylogeny', *Nature*, 317 (1985), pp. 140-144, p. 142.

[17] Li Yu and others, 'Analysis of Complete Mitochondrial Genome Sequences Increases Phylogenetic Resolution of Bears (Ursidae), a Mammalian Family That Experienced Rapid Speciation', *BMC Evolutionary Biology*, 7 (2007), 198; Johannes Krause and others, 'Mitochondrial Genomes Reveal an Explosive Radiation of Extinct and Extant Bears Near the Miocene-Pliocene Boundary', *BMC Evolutionary Biology*, 8, (2008), 220. 此研究估计，大熊猫大约于两千万年前从其他熊科动物的分支中分离出来。

[18] 一项关于食肉动物血红蛋白（使红细胞呈现红色并将氧输送至全身的蛋白质）的研究表明，小熊猫和大熊猫的血红蛋白具有惊人的相似结构［D. A. Tagle and others, *Naturwissenschaften*, 73 (1986), pp. 512-514］。在此之后，很快，第一项将 DNA 与线粒体（每个细胞中制造能量的微小结构）进行比较的研究似乎又一次拉近了大熊猫与小熊猫的联系。Y. Zhang and L. Shi, *Nature*, 352 (1991), p. 573.

[19] 2009 年 10 月 24 日本书作者对奥布赖恩所做的访谈。

[20] George B. Schaller, *The Last Panda* (The University of Chicago Press, 1993), pp. 261-267.

[21] Ernst Mayr, 'Uncertainty in Science: Is the Giant Panda a Bear or a Raccoon?', *Nature*, 323 (1986), pp. 769-771.

[22] Ya-ping Zhang and Oliver A. Ryder, 'Mitochondrial DNA Sequence Evolution in the Arctoidea', *Proceedings of the National Academy of Sciences of the United States of America*, 90 (1993), pp. 9557-9561.

[23] 例如，参见 Zhi Lü and others, 'Patterns of Genetic Diversity in Remaining

Giant Panda Populations', *Conservation Biology* 15 (2001), 1596-1607; Baowei Zhang and others, 'Genetic Viability and Population History of the Giant Panda, Putting an End to the "Evolutionary Dead End"?', *Molecular Biology and Evolution* 24 (2007), pp. 1801-1810。

[24] Qiu-Hong Wan and others, 'Genetic Differentiation and Subspecies Development of the Giant Panda as Revealed by DNA Fingerprinting, *Electrophoresis* 24, (2003), pp. 1353-1359; Qui-Hong Wan and others, 'A New Subspecies of Giant Panda (*Ailuropoda melanoleuca*) from Shaanxi, China', *Journal of Mammalogy* 86, (2005), pp. 397-402.

[25] Ruiqiang Li and others, 'The Sequence and de novo Assembly of the Giant Panda Genome', *Nature* 463 (2010), pp. 311-317.

[26] 例如，参见 Li Yu and Ya-ping Zhang, 'Phylogeny of the Caniform Carnivora: Evidence from Multiple Genes', *Genetica*, 2006, pp. 1-3; Rui Peng and others, 'The Complete Mitochondrial Genome and Phylogenetic Analysis of the Giant Panda (*Ailuropoda melanoleuca*)', *Gene*, 397 (2007), pp. 1-2.

第三章

[1] Spence, *The Search for Modern China*, p. 232.

[2] 被引用于 Ernest Wilson, 'Aristocrats of the Garden' (Doubleday, Page & Co., 1917), p. 274。

[3] Ernest Wilson, *A Naturalist in Western China*, Vol. 2 (Methuen, 1913), pp. 182-184.

[4] 人们通常将胡戈·魏戈尔德视为第一个看见活着的大熊猫的西方人。但历史学家亚历克西斯·施瓦岑巴赫通过瓦尔特·施特茨那的日记揭示出可能施特茨那才是应被冠以这一殊荣的人。参见 Alexis Schwarzenbach, 'WWF-A Biography', Collection Rolf Heyne（2011）。

[5] J. Huston Edgar, 'Giant Panda and Wild Dogs on the Tibetan Border', *The China Journal of Science and Arts*, (1924), p. 270-271.

[6] J. Huston Edgar, 'Waiting for the Panda', *Journal of the West China Border Research Society*, 8 (1936), pp. 10-12. 宝兴旧称“穆坪”。

[7] Mary Anne Andrei, 'The Accidental Conservationist: William T. Hornaday, the Smithsonian Bison Expeditions and the US National Zoo', *Endeavour*, 29 (2005), pp. 109-113.

[8] 被转引于 Andrei。

[9] 威廉·霍纳迪于1886年12月21日写给斯潘塞·贝尔德（Spencer F. Baird）的信。

[10] 被引用于 Roderick Nash, *Wilderness and the American Mind*, 4th edn (Yale University Press, 2001), p. 152。

[11] Gregg Mitman, *Reel Nature* (Harvard University Press, 1999), p. 15.

[12] 被引用于 Mitman, p. 16。

[13] Theodore Roosevelt and Kermit Roosevelt, *Trailing the Giant Panda* (Scribner, 1929), p. 3.

[14] 被引用于 Catton, *Pandas*, p. 12。

[15] 被引用于 Michael Kiefer, *Chasing the Panda: How an Unlikely Pair of Adventurers Won the Race to Capture the Mythical 'White Bear'* (New York: Four Walls Eight Windows, 2002), p. 37。

[16] 被引用于 Morris and Morris (1966), p. 29。

[17] 被引用于 Kiefer, p. 39。

[18] 更多关于恐龙竞争风潮的叙述参见 Tom Rea, *Bone Wars: The Excavation and Celebrity of Andrew Carnegie's Dinosaur* (University of Pittsburgh Press, 2001)。

[19] T. Donald Carter, 'The Giant Panda', *Bulletin of the New York Zoological Society*, Jan-Feb (1937), pp. 6-14.

[20] Dean Sage, 'In Quest of the Giant Panda', *Natural History*, 35 (1935), pp. 309-320.

[21] 'Giant Panda Shot', *The Sydney Morning Herald*, 22 August 1935.

第四章

[1] 被引用于 Vicki Croke, *The Lady and the Panda : The True Adventures of the First American Explorer to Bring Back China's Most Exotic Animal* (New York: Random House Trade Paperbacks, 2006), p. 314。

[2] Croke, p. 45.

[3] Croke, p. 47-48.

[4] Ruth Harkness, *The Lady and the Panda* (London: Nicholson & Watson, 1938), p. 14.

[5] Croke, p. 34.

[6] 被引用于 Croke, p. 48。

[7] 被引用于 Croke, p. 71-72。

[8] Harkness, p. 90.

[9] Ernest Wilson, *A Naturalist in Western China*, Vol. 1 (London: Methuen & Co. Ltd., 1913), p. 168.

[10] Croke, p. 155.

[11] Croke, p. 157.

[12] Harkness, p. 231.

[13] Harkness, p. 232.

[14] Douglas Deuchler and Carla W. Owens, *Brookfield Zoo and the Chicago Zoological Society* (Arcadia Publishing, 2009), p. 38.

[15] Croke, p. 190.

[16] 被引用于 Croke, p. 192。

[17] Spence, p. 448.

[18] 'Su-Lin, America's Favorite Animal, Dies of Quinsy in Chicago Zoo', *Life Magazine*, 11 April 1938.

[19] 被引用于 Croke, p. 265。

[20] Rosa Loseby, 'Five Giant Pandas,' *The Field*, 24 December, 1938.

[21] Ruth Harkness, *Pangoan Diary* (Creative Age Press, Inc., 1942), p. 6.

[22] Arthur de Carle Sowerby, 'Live Giant Pandas Leave Hongkong for London', *China Journal*, December (1938), p. 334.

[23] Yee Chiang, *Chin-Pao and the Giant Pandas* (Country Life, 1939), p. 83.

[24] Yee Chiang, *The Story of Ming* (Penguin Books, 1945).

[25] 被引用于 John Tee-Van, 'Two Pandas—China's Gift to America', *Bulletin of the New York Zoological Society*, 45 (1942), pp. 2-18。

第五章

[1] T'an Pang Chieh, 'Rare Animals of the Peking Zoo', *Science and Nature*, trans. by C. Radt, 1958. 当时，北京动物园被称为西郊公园或北平动物园（Peking Zoo）。

[2] Heini Demmer, 'The First Giant Panda since the War Has Reached the Western World', *International Zoo News*, 5 (1958), pp. 99-101.

[3] 德默尔在 1992 年的 BBC 节目《大熊猫姬姬》（*Chi-Chi the Panda*）中接受采访时所言。

[4] 'The Panda from Peking', *The Times*, 8 May 1958, p. 10.

[5] 被转译于 Shu Guang Zhang, *Economic Cold War: America's Embargo Against China and the Sino-Soviet Alliance, 1949-1963* (Stanford University Press, 2001), p. 24。

[6] 被转译于 Shu Zhang, p. 70。引自《别了，司徒雷登》一文。

[7] 详见 Zhang, *Economic Cold War* 以及 Jacqueline McGlade, 'The US-led Trade Embargo on China: The Origins of CHINCOM, 1947-1952,' in *East-West Trade and the Cold War* (2005), pp. 47-63。

[8] Demmer, *International Zoo News*, p. 101.

[9] Demmer, p. 100.

[10] Demmer, p. 101.

[11] Demmer, p. 101.

[12] 例如，参见 'Visitor to Zoo Hurt by Panda', *The Times*, 8 September 1958。

[13] Solly Zuckerman, *Monkeys, Men, and Missiles : An Autobiography, 1946-1988* (Collins, 1988), p. 60.

[14] 德斯蒙德·莫里斯于 2000 年 9 月 6 日接受克里斯托弗·帕森斯的采访时所言 (www.wildfilmhistory.org)。

[15] 被转引于 Mitman, *Reel Nature*, p. 132。

[16] Mitman, p. 133.

[17] Desmond Morris, *Zoo Time* (Rupert Hart-Davis Ltd, 1966)，参见引言部分。

[18] Morris, *Zoo Time*，参见引言部分。

[19] 德斯蒙德·莫里斯接受克里斯托弗·帕森斯的采访时所言。

[20] 'Giant Panda to Stay in London', *The Times*, 24 September 1958.

[21] Judith Shapiro, *Mao's War Against Nature: Politics and the Environment in Revolutionary China* (Cambridge University Press, 2001), p. 67；对"人定胜天"的叙述同样经常出现于 Sigrid Schmalzer, *The People's Peking Man: Popular Science and Human Identity in Twentieth-Century China* (The University of Chicago Press, 2008)。

[22] Shapiro, p. 71.

[23] Shapiro, p. 78.

[24] 德斯蒙德·莫里斯在 1992 年的 BBC 节目《大熊猫姬姬》中接受采访时所言。

[25] Ronald Carl Giles, *Daily Express*, 25 September 1958.

[26] 迈克·克里斯 2009 年 10 月 1 日接受本书作者采访时所言。

[27] Michael R. Brambell, 'The Giant Panda (*Ailuropoda melanoleuca*)', *Trans. Zool. Soc. Lond.*, 33 (1976), pp. 85-92.

[28] 丹尼斯·福曼（Denis Forman）在 1992 年的 BBC 节目《大熊猫姬姬》中接受采访时所言。

第六章

[1] E. Max Nicholson, 'How to Save the World's Wildlife,' 6 April 1961，伦敦林奈学会所存尼科尔森的档案，EMN 4/3/1。

[2] Julian Huxley, 'The Wild Riches of Africa', *The Observer*, 13 November 1960; 'The Wild Protein', *The Observer*, 20 November 1960; 'Wild Life as a World Asset', *The Observer*, 27 November 1960. 此处的引用来自以上第一篇文献。

[3] 维克托·斯托兰于 1960 年 12 月 6 日写给朱利安·赫胥黎的信，参见 EMN 4/2。

[4] 尼科尔森于 1960 年 12 月 16 日写给斯托兰的信，参见 EMN 4/2。

[5] 斯托兰于 1961 年 1 月 3 日写给尼科尔森的信，参见 EMN 4/2。

[6] 尼科尔森于 1961 年 1 月 9 日写给赫胥黎的信，参见 EMN 4/2。

[7] Max Nicholson, 'Earliest Planning of World Wildlife Fund', 1977, EMN 4/1.

[8] Max Nicholson, 'The Morges Manifesto', 29 April 1961, EMN 4/3/1.

[9] "世界野生动物基金会"的名称于 1961 年 5 月 16 日召开的第三次筹备会议中决定；1961 年 5 月 30 日召开的第四次会议中讨论了新机构的标志；1961 年 7 月 6 日召开的第六次会议中，全体成员同意将熊猫作为标志。参见 EMN 4/3/1。

[10] 被转引于 Raymond Bonner, *At the Hand of Man: Peril and Hope for Africa's Wildlife* (Simon & Schuster, 1993), p.64。

[11] Songster, 'A Natural Place for Nationalism', p. 178.

[12] 被转译于 Songster, p. 179。

[13] Songster, p. 178.

[14] *World Wildlife Fund Twentieth Anniversary Review*, EMN 4/19/1, 2. 此处，沃特森的草图及其在绘制熊猫标志的过程中扮演的角色第一次被公之于众。在 2008 年 10 月 9 日与本书作者的访谈中，菲莉帕·斯科特女士回忆起沃特森去她家拜访并在工作室中绘制熊猫标志；历史学家亚历克西斯·施瓦岑巴赫在写作其即将出版的著作《世界野生动物基金会传》（*WWF: A Biography*）的过程中进行了调查，他在世界野生动物基金会位于格朗的地下室中找到了沃特森早期绘制的熊猫草图，但目前我们仍不知道这是不是沃特森的草图原件。

[15] 彼得·斯科特 1961 年 7 月 17 日写给迈克尔·阿迪恩的信，参见 EMN 4/3/1。

[16] 阿迪恩 1961 年 7 月 18 日写给斯科特的信，参见 EMN 4/3/1。

[17] 默文·考因 1961 年 11 月 3 日写给马克斯·尼科尔森的信，参见 EMN 4/1。

[18] Nicholson and Ian S. MacPhail, The Arusha Manifesto, EMN 4/3/2.

[19] 转引自 Nash, *Wilderness and the American Mind*, p. 342。

[20] C. I. 米克（C. I. Meek）1961 年 8 月 8 日写给杰拉尔德·沃特森的信，参见 EMN 4/3/2。

[21] MacPhail, 'Meeting at Royal Society of Arts on 28th., September. Proposed Arrangements and Programme', September 1961, EMN 4/3/2.

[22] *Daily Mirror*, 9 October 1961.

[23] 'To the Rescue!', *Daily Mirror*, 13 October 1961.

[24] 1961年10月11日尼科尔森写给国家劝募计划领袖们的便笺，参见EMN 8/7。

[25] 尼科尔森于1961年10月25日写给让·贝尔的信，参见EMN 4/3/2。

[26] 'The Launching of a New Ark,' in *First Report of the President and Trustees of the World Wildlife Fund. An International Foundation for Saving the World's Wildlife and Wild Places 1961-1964* (Collins, 1965), pp. 15-207.

[27] 'This Is the Symbol of the World Wildlife Fund', EMN 8/7.

[28] 被转引于 George Schaller, *The Last Panda*, p. 11。我对此处事件的重构基于沙勒的著作、与南希·纳什及王梦虎的访谈。

[29] 南希·纳什2009年12月11日接受本书作者采访时所言。

[30] 转引自 Schmalzer, *The People's Peking Man*, p. 169。

[31] 'China and Wildlife Group Agree on Help for Endangered Species', *New York Times*, 24 September 1979.

[32] 纳什2010年3月3日接受本书作者采访时所言。

[33] Spence, *The Search for Modern China*, p. 667.

[34] 纳什2010年3月3日接受本书作者采访时所言。

[35] 乔治·沙勒2009年12月16日接受本书作者采访时所言。

[36] 乔治·沙勒2009年12月16日接受本书作者采访时所言。

[37] 转引自 Schaller, *The Last Panda*, p. 4。

[38] 沙勒为以下著作撰写的序言：Zhi Lü and Elizabeth Kemf, *Wanted Alive! Giant Pandas in the Wild. A WWF Species Status Report* (WWF, 2001)。

[39] Schaller, *The Last Panda*, p. 12.

[40] 乔治·沙勒2009年12月16日接受本书作者采访时所言。

[41] 乔治·沙勒2009年12月16日接受本书作者采访时所言。

[42] 纳什2009年12月11日接受本书作者采访时所言。

[43] David Hughes-Evans and James L. Aldrich, '20th Anniversary—World Wildlife Fund', *The Environmentalist*, 1 (1981), pp. 91-93.

[44] 数据源自美国世界野生动物基金会网站 (http://bit.ly/9x59O; accessed 16 July 2010)。

[45] 乔治·沙勒2009年12月16日接受本书作者采访时所言。

第七章

[1] Oliver Graham-Jones, *First Catch your Tiger* (Collins, 1970), p. 167.

[2] 威廉·霍纳迪所述，转引自玛丽·安妮·安德烈，*Endeavour*。

[3] Peter J. S. Olney, 'International Zoo Yearbook: Past, Present and Future', *International Zoo Yearbook* 38 (2003), 34-42.

[4] 转引自 Morris and Morris (1966), p. 87。

[5] 格雷厄姆－约内斯在 1992 年的 BBC 节目《大熊猫姬姬》中接受采访时所言。

[6] Morris and Morris (1966), p. 83.

[7] 转引自 'Zoo Flirts with Reds for Frustrated Panda', *Palm Beach Post*, 17 September 1964。

[8] 德斯蒙德·莫里斯在 1992 年的 BBC 节目《大熊猫姬姬》中接受采访时所言。

[9] 此处引用的所有伦敦动物学会、英国国防部、英国外交和联邦事务部之间的通信引自 1992 年 BBC 的节目《大熊猫姬姬》。

[10] 此信件同样出现在纪录片《大熊猫姬姬》中。

[11] 德斯蒙德·莫里斯在 1992 年的 BBC 节目《大熊猫姬姬》中接受采访时所言。

[12] 莫里斯于 2000 年 9 月 6 日接受帕森斯的采访时所言。

[13] 莫里斯于 2000 年 9 月 6 日接受帕森斯的采访时所言。

[14] Graham-Jones, *First Catch Your Tiger*, p. 175.

[15] Graham-Jones, p. 176.

[16] Graham-Jones, p. 176.

[17] Graham-Jones, p. 179.

[18] Graham-Jones, p. 181.

[19] Graham Jones, p. 183.

[20] 例如，参加 Ylva Brandt and others, 'Effects of Continuous Elevated Cortisol Concentrations during Oestrus on Concentrations and Patterns of Progesterone, Oestradiol and LH in the Sow', *Animal Reproduction Science*, 110 (2009), pp. 172-185。

[21] 'Panda Romance Doubtful', *The Montreal Gazette*, 4 April 1966.

[22] 'Panda-Monium—Chi-Chi Plays Hard to Get', *Birmingham Mail*, 6 October 1966.

[23] 'One Hug, No More, Says Chi-Chi', *Leicester Mercury*, 7 October 1966.

[24] 'Chi-Chi Is Playing Hard to Get', *Oldham Evening Chronicle*, 7 October 1966; 'Chi-Chi Gives An-An a Cuff', *Swindon Advertiser*, 7 October 1966; 'Chi-Chi's Right Hook for the *Suitor*', *Newcastle Evening Chronicle*, 7 October 1966.

[25] 'Two Pandas Spend Night Together', *Gloucester Echo*, 8 October 1966; 'Pandas' Night of Promise', *Shields Gazette*, 8 October 1966; 'Strangers in the Night', *Birmingham Mail*, 8 October 1966.

[26] 'Time Runs Out for Chi-Chi', *Hull Daily Mail*, 11 October 1966; 'Chi-Chi Has Only Three Nights Left', *The Citizen*, 11 October 1966; 'From Russia—Without Love', *Bath and Wiltshire Chronicle*, 11 October 1966.

[27] 'Chi-Chi, An-An, Say Ta-Ta', *Staffordshire Evening Sentinel*, 17 October 1966; 'Bride Who Never Was Flies Home', *Press and Journal*, 18 October 1966; 'Return of the Virgin Panda', *Morning Star*, 18 October 1966.

[28] David Myers, 'Frankly, George, I Reckon You'll Cause a Big Enough Sensation There without the Gimmicks', *Evening News*, 18 November 1966.

[29] Stanley Franklin, 'USA Will Put Two Animals into Space Orbit Lasting A Year', *Daily Mirror*, 18 October 1966.

[30] 'Why Pandas Are Becoming', *Daily Mail*, 26 October 1966.

[31] 'A Return 'Match' for An-An', *Yorkshire Evening Press*, 25 February 1967; 'Another Date for Chi-Chi?', *Northern Daily Mail*, 24 February 1967; 'Another Marriage Proposal for Chi-Chi?', *Lincolnshire Echo*, 25 February 1967.

[32] 'An-An is Sick, so Chi-Chi's Spring Honeymoon is off', *Bournemouth Evening Echo*, 27 February 1967.

[33] 'May be Love at Second Sight for Chi Chi', *Daily Mail*, 3 August 1968; 'A New Romance?', *Sunderland Echo*, 3 August 1968; 'Another Date?', *Bolton Evening News*, 3 August 1968.

[34] 'Crisis Will Not Stop An-An', *Sunday Express*, 25 August 1968.

[35] Graham-Jones, p. 196.

[36] 转引自 Graham-Jones, p. 197。

[37] Konrad Lorenz, 'The Companion in the Bird's World', *Auk*, 54 (1937), pp. 245-273.

[38] Sabine Oetting and others, 'Sexual Imprinting as a Two-Stage Process: Mechanisms of Information Storage and Stabilisation', *Animal Behaviour*, 50 (1995), pp. 393-403.

[39] Keith M. Kendrick and others, 'Mothers Determine Sexual Preferences', *Nature*, 395 (1998), pp. 229-230.

[40] 莫里斯接受帕森斯的采访时所言。

[41] Ramona Morris and Desmond Morris, *The Giant Panda*，由 Jonathan Barzdo 校订 (Penguin, 1982), p. 104。

[42] J. Randall, 'Uniform for An-An', *The Guardian*, 4 September 1968.

[43] Catherine Storr, 'Peculiar Panda?', *The Guardian*, 26 August 1968.

[44] 'Reunion was Hardly Rapturous', *Yorkshire Post*, 3 September 1968; 'Chi-Chi Plays It Cool', *Morning Advertiser*, 3 September 1968; 'An-An Snores as Chi-Chi Love Calls', *South Wales Evening Argus*, 3 September 1968.

[45] 'Hello Moscow, This is An-An', *The Sunday Telegraph,* 10 November 1968.

[46] Michael R. Brambell and others, 'An-An and Chi-Chi', *Nature*, 222 (1969), pp. 1125-1126.

[47] 'An-An Goes Home, Mission Unfulfilled', *Daily Telegraph*, 8 May 1969; 'The Panda Love-in is Over', *Western Mail*, 8 May 1969; 'An-An Gets Back to the USSR', *The Journal*, 8 May 1969.

[48] Raymond Jackson, 'Gosh, I Feel So Sexy Today!', *Evening Standard*, 22 May 1969.

第八章

[1] J. 安东尼·戴尔在 1972 年 4 月 BBC 新闻节目《全国》（*Nationwide*）中接受采访时所言。

[2] Davis, *Fieldiana Zoology Memoirs*, p. 13.

[3] 迈克尔·布兰贝尔在 1992 年 BBC 的节目《大熊猫姬姬》中接受采访时所言。

[4] 'British Panda Chi-Chi Dies', *Star-News*, 23 July 1972.

[5] 迈克尔·布兰贝尔在1992年BBC的节目《大熊猫姬姬》中接受采访时所言。

[6] Herbert J. A. Dartnall, 'Visual Pigment of the Giant Panda *Ailuropoda melanoleuca*', *Nature*, 244 (1973), pp. 47-49.

[7] 查尔斯·达尔文（Charles Darwin）在1836年10月30日写给约翰·亨斯洛（John S. Henslow）的信中所言，参见 Darwin Correspondence Database (letter no. 317; accessed 18 June 2010)。

[8] G. Frank Claringbull, 'Chi-Chi at the Natural History Museum', 27 July 1972, Natural History Museum Archives, DF 700/106.

[9] Richard Fortey, *Dry Store Room No. 1: The Secret Life of the Natural History Museum* (HarperPress, 2008), p. 203.

[10] A. 克拉克（A. Clarke）于1972年8月7日写给迈克尔·贝尔彻的信中所言，参见 DF 700/106。

[11] Claringbull, 'Chi-Chi at the Natural History Museum', 5 October 1972, DF 700/106.

[12] J. 安东尼·戴尔于1972年10月9日写给贝尔彻的信，参见 DF 700/106。

[13] 转引自 Joanna Lyall, *Kensington News & Post*, 12 October 1972。

[14] 乔治娜·威尔逊（Georgina Wilson）于1972年写给贝尔彻的信，参见 DF 700/106。

[15] William Henry Flower, *Essays on Museums and Other Subjects Connected with Natural History* (Ayer Publishing, 1972), p. 17.

[16] 转引自 Joanna Lyall, *Kensington News & Post*, 12 October 1972。

[17] 贝尔彻于1972年10月13日写给戴尔的信，参见 DF 700/106。

[18] Ann Godden, 'Jean Rook, the First Lady of Fleet Street', 1991 (http://bit.ly/bB4edw).

[19] Jean Rook, *Daily Express*, 12 October 1972.

[20] 戴尔于1972年10月17日写给贝尔彻的信，参见 DF 700/106。

[21] 贝尔彻于1972年9月20日写给 J. 戈登·希尔斯（J. Gordon Sheals）的信，参见 DF 700/106。

[22] Claringbull, *Chi-Chi at the Natural History Museum*, 8 December 1972, DF

700/106.

[23] 贝尔彻于 1972 年 11 月 23 日写给卡林布尔的信，参见 DF 700/106。

[24] Peter Purves, *Blue Peter*, 11 December 1972.

[25] 罗宾·塔克写给伦敦动物学会的信，日期不明，参见 NHM Archives, PH/219。

[26] 安东尼·查普林于 1978 年 11 月 6 日写给罗纳德·赫德利的信，参见 PH/219。

[27] 科林·罗林斯于 1978 年 6 月 26 日写给罗杰·迈尔斯（Roger S. Miles）的信，参见 PH/219。

[28] 休·兰贾德于 1980 年 11 月 12 日写给赫德利的信，参见 PH/219。

[29] Arthur G. Hayward, 'Report', 23 July 1981, PH/219.

[30] 帕特·莫里斯于 2009 年 9 月 25 日接受本书作者采访时所言。

[31] 赫德利于 1982 年 11 月 4 日写给海沃德的信，参见 PH/219。

[32] Tony Samstag, 'To Guy, with Gratitude', *The Times*, 5 November 1982.

[33] 亚历克·道格拉斯－霍姆于 1972 年 11 月接受 BBC 采访时所言。

[34] David Bonavia, 'Mr Heath Given a Boisterous Welcome by Chinese Girls Waving Union Jacks', *The Times*, 25 May 1974.

[35] John Campbell, *Edward Heath: A Biography* (Jonathan Cape, 1993), p. 635.

[36] PHS, 'The Times Diary', *The Times*, 7 August 1974.

[37] 转引自奥利·斯通－李（Ollie Stone-Lee），参见 2005 年 12 月 29 日的 BBC 节目《熊猫引起的“外交问题”》（*Pandas "sparked diplomatic fears"*），该节目 2010 年 6 月 18 日上线于以下网站：http://bit.ly/cuBdGd。

[38] 戈伦韦·欧文·戈伦韦－罗伯茨于 1974 年 11 月 14 日写给詹姆斯·卡拉汉及“朱克曼公爵”的信，参见 National Archives FCO 21/1246。

第九章

[1] 理查德·尼克松于 1971 年 7 月 15 日所言。

[2] 理查德·尼克松于 1972 年 3 月 13 日写给帕特·尼克松的信，藏于尼克松图书馆（Nixon Library），参见 conversation no. 21-56。

[3] 谢泼德于 1972 年 3 月 17 日写给华盛顿国家动物园的信，藏于史密森研究

基金会档案馆。

[4] 埃默里·莫尔纳于1972年4月9日写给华盛顿国家动物园的信，藏于史密森研究基金会档案馆。

[5] 李文村于1972年3月30日写给理查德·尼克松的信，藏于史密森研究基金会档案馆。

[6] 西比尔·哈姆雷特的信件手稿，藏于史密森研究基金会档案馆。

[7] 卡尔·拉森于1972年3月29日写给哈姆雷特的信，藏于史密森研究基金会档案馆。

[8] Theodore H. Reed, 'Plans for the Pandas, If we Receive Them', 1972，藏于史密森研究基金会档案馆。

[9] 帕特·尼克松于1972年4月20日写给理查德·尼克松的信，藏于尼克松图书馆，参见 conversation no. 714-11A。

[10] 转引自 Richard W. Burkhardt, 'A Man and His Menagerie', *Natural History*, February 2001。

[11] 转引自 Richard W. Burkhardt, 'A Man and His Menagerie', *Natural History*, February 2001。

[12] 德夫拉·克莱曼于2009年2月27日接受本书作者采访时所言。

[13] 'Pandas in Zoo Make Lazy Lovers, Keepers Find', *The Palm Beach Post*, 21 April 1974.

[14] 里德于1974年5月8日写给里普利（Ripley）的信，藏于史密森研究基金会档案馆，参见 RU365, Box 24, Folder 8。

[15] 乔舒亚·巴彻尔德于1974年5月29日写给J. 佩里的信，藏于史密森研究基金会档案馆。

[16] Reed, 'Water Bed for the Pandas', 29 May 1975，藏于史密森研究基金会档案馆。

[17] 德夫拉·克莱曼于1974年5月9日写给里德的信，藏于史密森研究基金会档案馆，参见 RU 365, Box 24, Folder 8。

[18] Rosemary C. Bonney and others, 'Endocrine Correlates of Behavioural Oestrus in the Female Giant Panda (*Ailuropoda melanoleuca*) and Associated Hormonal Changes in the Male', *Journal of Reproduction and Fertility*, 64

(1982), pp. 209-215.

[19] Morris and Morris, *Men and Pandas*, (1966), p. 120.

[20] 古斯塔夫·彼得斯于 2009 年 3 月 3 日写给本书作者的电子邮件中所言。

[21] Peters, 'A Note on the Vocal Behavior of the Giant Panda, *Ailuropoda melanoleuca* (David, 1869)', *Z. Säugetierkunde,* 47 (1982), 236-245.

[22] 德夫拉·克莱曼于 2009 年 2 月 27 日接受本书作者采访时所言。

[23] 戴维·维尔特于 2010 年 6 月 1 日写给本书作者的电子邮件。

[24] Carol Platz and others, 'Electroejaculation and Semen Analysis and Freezing in the Giant Panda (*Ailuropoda melanoleuca*)', *J. Reprod. Fertil.* 67, (1983), pp. 9-12.

[25] Devra G. Kleiman, 'Successes in 1983 Panda Breeding Outweigh Death of Cub', *Tigertalk* (July 1983)，藏于史密森研究基金会档案馆，参见 RU 365, Box 24, Folder 12。

[26] 参见 Hemin Zhang and others. 'Delayed Implantation in Giant Pandas: the First Comprehensive Empirical Evidence.' *Reproduction* 138 (2009), pp. 979-986。

[27] 'Keeping Up with the Zoo's Most Popular Celebrities'，藏于史密森研究基金会档案馆，参见 RU 371, Box 3, Folder April 1981。

[28] 藏于史密森研究基金会档案馆。

[29] Stephen J. Gould, 'The Panda's Peculiar Thumb', *Natural History* 87 (1978), pp. 20-30.

第十章

[1] George B. Schaller and others, *The Giant Pandas of Wolong* (University of Chicago Press, 1985), p. xv.

[2] *The Giant Pandas of Wolong*, p.172-178.

[3] Schaller, *The Last Panda*, p. 99.

[4] 霍华德·奎格利于 2010 年 2 月 12 日接受本书作者采访时所言。

[5] Armand David, '*Rapport Adressé à MM. Les Professeurs Administrateurs du Muséum d'Histoire Naturelle*', *Nouv. Arch. Mus. Hist. Nat. Paris*, 7 (1872), pp. 75-100.

[6] 转引自 *The Giant Pandas of Wolong*, p. 49。

[7] *The Last Panda*, p. 53.

[8] 霍华德·奎格利于2010年2月12日接受本书作者采访时所言。

[9] *The Last Panda*, p. 53.

[10] 霍华德·奎格利于2010年2月12日接受本书作者采访时所言。

[11] 此处所叙述的中国－世界野生动物基金会合作计划的研究成果均引自 *The Giant Pandas of Wolong*。1984年，中国－世界野生动物基金会合作计划于唐家河自然保护区设立了第二个研究基地，在那里，他们为更多熊猫套上了无线电项圈（参见 *The Last Panda*, pp. 169-199）。

[12] *The Last Panda*, p. 52.

[13] Songster, *A Natural Place for Nationalism*, p. 249.

[14] 艾伦·泰勒于2010年3月1日接受本书作者采访时所言。

[15] *The Last Panda*, pp. 204, 210-211.

[16] 艾伦·泰勒于2010年3月1日接受本书作者采访时所言。也可参见 Alan H. Taylor and others, 'Spatial Patterns and Environmental Associates of Bamboo (*Bashania fangiana* Yi) after Mass-Flowering in Southwestern China', *Bulletin of the Torrey Botanical Club*, 118 (1991), pp. 247-254。

[17] Kenneth Johnson and others, 'Responses of Giant Pandas to a Bamboo Die-off', *National Geographic Research*, 4 (1988), pp. 161-177; Donald G. Reid and others, 'Giant Panda *Ailuropoda melanoleuca* Behavior and Carrying Capacity Following a Bamboo Die-off', *Biological Conservation*, 49 (1989), pp. 85-104.

[18] Wenshi Pan in Zhi Lü, *Giant Pandas in the Wild: Saving an Endangered Species* (Aperture, 2002), p. 14.

[19] 'Nancy Regan Starts Fund-Raiser to Benefit Starving Pandas', *Lakeland Ledger*, 27 March 1984.

[20] Pan in Lü, p. 14.

[21] 被转译于 Songster, p. 95。

[22] 被转译于 Songster, p. 108。

[23] Jianghong Ran and others, 'Conservation of the Endangered Giant Panda *Ailuropoda melanoleuca* in China: Successes and Challenges', *Oryx*, 43 (2009),

pp. 176-178.

[24] Franck Courchamp and others, 'Rarity Value and Species Extinction: the Anthropogenic Allee Effect', *PLoS Biology*, 4 (2006), e415.

[25] Yi-Ming Li and others, 'Illegal Wildlife Trade in the Himalayan Region of China', *Biodiversity and Conservation*, 9 (2000), pp. 901-918.

[26] Spence, p. 687. 据斯彭斯所言，中国与美国的国土面积分别为 960 万平方公里和 930 万平方公里，在 20 世纪 70 年代，中国与美国的农业用地分别为 99 万平方公里和 186 万平方公里。

[27] Judith Shapiro, *Mao's War Against Nature* (Cambridge University Press, 2001), p. 96.

[28] Shapiro, p. 100.

[29] 转引自 Shapiro, pp. 108-109。

[30] *The Last Panda*, pp. 233.

[31] Ministry of Forestry of the People's Republic of China and WWF-World Wide Fund For Nature, *National Conservation Management Plan for the Giant Panda and its Habitat*, 1989.

[32] 约翰·麦金农于 2010 年 3 月 15 日接受本书作者采访时所言。

[33] 菲利普森报告的节选详见 *The Coming Fall of the House of Windsor*, ed. by N. Hamarman, Executive Intelligence Review, 1994。

[34] *Sunday Express*, 29 July 1990.

[35] Spence, pp. 696-711. 斯彭斯认为直接境外投资金额为 9.1 亿美元，国际贷款金额为 15 亿美元。

[36] John S. Dermott and Jamie Florcruz, 'Mining China', *Time*, 14 May 1984.

[37] *The Last Panda*, pp. 235-236.

[38] Wenshi Pan and others, *The Giant Panda's Natural Refuge in the Qinling Mountains* (Peking University Press, 1988); Wenshi Pan and others, *A Chance for Lasting Survival* (Peking University Press, 2001).

[39] Lü, *Giant Pandas in the Wild*, p. 61.

[40] *Giant Pandas in the Wild*, p. 60.

[41] *The Last Panda*, p. 67.

[42] Wenshi Pan and others, 'Future Survival of Giant Pandas in the Qinling Mountains of China', in *Giant Pandas: Biology and Conservation*, ed. by D. Lindburg and K. Baragona (University of California Press, 2004), pp. 81-87.

[43] *Giant Pandas in the Wild*, p. 66.

[44] Zhi Lü and others, 'Mother-Cub Relationships in Giant Pandas in the Qinling Mountains, China, with Comment on Rescuing Abandoned Cubs', *Zoo Biology*, 13 (1994), pp. 567-568.

[45] Xiaojian Zhu and others, 'The Reproductive Strategy of Giant Pandas (*Ailuropoda melanoleuca*): Infant Growth and Development and Mother-Infant Relationships', *Journal of Zoology*, 253 (2001), pp. 141-155.

[46] Wenshi Pan and others, in *Giant Pandas: Biology and Conservation*, pp. 81-87.

第十一章

[1] Zhihe Zhang and others, 'Historical Perspective of Breeding Giant Pandas ex Situ in China and High Priorities for the Future', in *Giant Pandas: Biology, Veterinary Medicine and Management*, ed. by D. E. Wildt and others (Cambridge University Press, 2006), pp. 455-468.

[2] David E. Wildt and others, 'The Giant Panda Biomedical Survey: How It Began and the Value of People Working Together across Cultures and Disciplines', in *Giant Pandas: Biology, Veterinary Medicine and Management*, pp. 17-36.

[3] 张志和于 2010 年 3 月 11 日接受本书作者采访时所言。

[4] 此次会议的细节详见 Wildt and others, pp. 17-36。

[5] JoGayle Howard and others, 'Male Reproductive Biology in Giant Pandas in Breeding Programmes in China', in *Giant Pandas: Biology, Veterinary Medicine and Management*, pp. 159-197.

[6] 张志和于 2010 年 3 月 11 日接受本书作者采访时所言。

[7] US Fish and Wildlife Service, *Florida Panther and the Genetic Restoration Program*, 1993.

[8] Stephen O'Brien and others, 'Giant Panda Paternity', *Science*, 223 (1984), pp. 1127-1128.

[9] Jonathan D. Ballou and others, 'Analysis of Demographic and Genetic Trends for Developing a Captive Breeding Masterplan for the Giant Panda', in *Giant Pandas: Biology, Veterinary Medicine and Management*, pp. 495-519, p. 514.

[10] Victor A. David and others, 'Parentage Assessment among Captive Giant Pandas in China', in *Giant Pandas: Biology, Veterinary Medicine and Management*, pp. 245-273, p. 246.

[11] 戴维·维尔特于 2010 年 2 月 12 日接受本书作者采访时所言。

[12] 张志和于 2010 年 3 月 11 日接受本书作者采访时所言。

[13] 周小平于 2010 年 3 月 12 日接受本书作者采访时所言。

[14] Zhihe Zhang, *2009 Working Report of the Giant Panda Breeding Technology Committee of China*, 10 November 2009.

[15] "标准粪便分级系统"的相关论述参见 Mark Edwards and others, 'Nutrition and Dietary Husbandry', in *Giant Pandas: Biology Veterinary Medicine and Management*, pp. 101-158。

[16] 伊夫林·邓格于 2008 年接受本书作者采访时所言。

[17] 马克·爱德华兹于 2010 年 3 月 31 日接受本书作者采访时所言。

[18] 此处的叙述基于本书作者于 2010 年 2 月 10 日对罗纳德·斯威古德的采访和 2010 年 3 月 24 日对唐纳德·林德伯格的采访。

[19] Kathy Carlstead and David Shepherdson, 'Effects of Environmental Enrichment on Reproduction', *Zoo Biology*, 13 (1994), pp. 447-258.

[20] Swaisgood and others, 'A Quantitative Assessment of the Efficacy of an Environmental Enrichment Programme for Giant Pandas', *Animal Behaviour*, 61 (2001), pp. 447-457.

[21] Swaisgood and others, 'Giant Pandas Discriminate Individual Differences in Conspecific Scent', *Animal Behaviour*, 57 (1999), pp. 1045-1053.

[22] Swaisgood and others, 'The Effects of Sex, Reproductive Condition and Context on Discrimination of Conspecific Odours by Giant Pandas', *Animal Behaviour*, 60 (2000), pp. 227-237.

[23] 罗纳德·斯威古德于 2010 年 2 月 10 日接受本书作者采访时所言。

[24] Swaisgood and others, 'Application of Behavioral Knowledge to Conservation

in the Giant Panda', *Int. J. Comp. Psychol.*, 16 (2003), pp. 12-31.

[25] 周小平于 2010 年 3 月 12 日接受本书作者采访时所言。

[26] Angela M. White and others, 'Chemical Communication in the Giant Panda (*Ailuropoda melanoleuca*): the Role of Age in the Signaller and Assessor', *Journal of Zoology*, 259 (2003), pp. 171-178.

[27] Lee R. A. Hagey and Edith A. MacDonald, 'Chemical Cues Identify Gender and Individuality in Giant Pandas (*Ailuropoda melanoleuca*)', *Journal of Chemical Ecology*, 29 (2003), pp. 1479-1488.

[28] 李·哈吉于 2009 年 11 月 23 日写给本书作者的电子邮件。

[29] Lee R. Hagey and Edith A. MacDonald, 'Chemical Composition of Giant Panda Scent and Its Use in Communication', in *Giant pandas: Biology and Conservation*, ed. by D. Lindburg and K. Baragona (Berkeley: University of California Press, 2004), pp. 121-124.

[30] Rebecca J. Snyder and others, 'Behavioral and Developmental Consequences of Early Rearing Experience for Captive Giant Pandas (*Ailuropoda melanoleuca*)', *Journal of Comparative Psychology*, 117 (2003), pp. 235-245.

[31] 丽贝卡·斯奈德于 2010 年 2 月 16 日接受本书作者采访时所言。

[32] 张志和于 2010 年 3 月 11 日接受本书作者采访时所言。

[33] Ben D. Charlton and others, 'Vocal Cues to Identity and Relatedness in Giant Pandas (*Ailuropoda melanoleuca*)', *The Journal of the Acoustical Society of America*, 126 (2009), pp. 2721-2732；查尔顿于 2010 年 2 月 10 日接受本书作者采访时所言。

[34] Charlton and others, 'The Information Content of Giant Panda, *Ailuropoda melanoleuca*, Bleats: Acoustic Cues to Sex, Age and Size', *Animal Behaviour*, 78 (2009), pp. 893-898; Charlton and others, 'Female Giant Panda (*Ailuropoda melanoleuca*) Chirps Advertise the Caller's Fertile Phase', *Proceedings of the Royal Society B: Biological Sciences*, 2009.

[35] 查尔顿于 2010 年 2 月 10 日接受本书作者采访时所言。

[36] Angela S. Kelling and others, 'Color Vision in the Giant Panda (*Ailuropoda melanoleuca*)', Learning & Behavior: A Psychonomic Society Publication, 34

(2006), pp. 154-161.

[37] Eveline Dungl, 'Große Pandas (Ailuropoda melanoleuca) Konnen Augenflecken und Andere Visuelle Formen Unterscheiden Lernen' (PhD thesis, University of Vienna, 2007).

[38] Dungl and others, 'Discrimination of Face-Like Patterns in the Giant Panda (*Ailuropoda melanoleuca*)', *Journal of Comparative Psychology*, 122 (2008), 335-343.

[39] 伊夫林·邓格于 2010 年 3 月 29 日写给本书作者的电子邮件。

[40] Susie Ellis and others, 'The Giant Panda as a Social, Biological and Conservation Phenomenon', in *Giant Pandas: Biology, Veterinary Medicine and Management*, ed. D. E. Wildt and others (Cambridge University Press, 2006), pp. 1-16, p. 11.

第十二章

[1] Donald G. Reid and others, pp. 85-104, p. 90.

[2] Schaller, *The Last Panda*, pp. 162-163.

[3] Kristen R. Jule and others, 'The Effects of Captive Experience on Reintroduction Survival in Carnivores: A Review and Analysis', *Biological Conservation*, 141 (2008), pp. 355-363.

[4] 引自 2000 report by Sue Mainka and others。

[5] Mainka and others, 'Reintroduction of Giant Pandas', in *Giant pandas: biology and conservation*, ed. by D. Lindburg and K. Baragona (University of California Press, 2004), pp. 246-249.

[6] Caroline Liou, 'China's Third National Panda Survey Helps Create a New Generation of Conservationists'（http://bit.ly/d3UqmZ，上线于 2010 年 6 月 21 日）.

[7] 约翰·麦金农于 2010 年 3 月 15 日接受本书作者采访时所言。

[8] Xiangjiang Zhan and others, 'Molecular Censusing Doubles Giant Panda Population Estimate in a Key Nature Reserve', *Current Biology*, 16 (2006), R451-R452.

[9] David L. Garshelis and others, 'Do Revised Giant Panda Population Estimates Aid in Their Conservation', *Ursus*, 19 (2008), pp. 168-176.

[10] Xiangjiang Zhan and others, 'Accurate Population Size Estimates Are Vital Parameters for Conserving the Giant Panda', *Ursus*, 20 (2009), pp. 56-62.

[11] 魏辅文于 2010 年 3 月 8 日接受本书作者采访时所言。

[12] Mainka and others.

[13] 周小平于 2010 年 3 月 12 日接受本书作者采访时所言。

[14] Donald G. Lindburg and Karen Baragona, 'Consensus and Challenge: The Giant Panda's Day Is Now', in *Giant Pandas: Biology and Conservation*, pp. 271-276, p. 274.

[15] 吕植于 2010 年 3 月 9 日接受本书作者采访时所言。

[16] 潘文石为吕植的著作撰写的序言，参见 Lü, *Giant Pandas in the Wild*, p. 17。

[17] Lü, *Giant Pandas in the Wild*, p. 89.

[18] Jintao Xu and others, 'China's Ecological Rehabilitation: Unprecedented Efforts, Dramatic Impacts, and Requisite Policies', *Ecological Economics*, 57 (2006), pp. 595-607.

[19] 'Sichuan Giant Panda Sanctuaries—Wolong, Mt Siguniang and Jiajin Mountains—UNESCO World Heritage Centre', Annex 4, p. 28.

[20] 'CIA—The World Factbook—Country Comparison: Population Growth Rate'，此数据估算于 2010 年（http://bit.ly/4avCkQ，上线于 2010 年 6 月 21 日）。

[21] 此数据由"各国生态足迹"估算得出（http://bit.ly/asH1Ey，上线于 2010 年 6 月 21 日）。

[22] 此数据基于中国与美国 346 亿美元和 186 亿美元的投资额（参见 *Who's Winning the Green Energy Race?* The Pew Charitable Trusts，http://bit.ly/bN1XXz，上线于 2010 年 6 月 21 日）；中国与美国 2009 年的 GDP 大约为 8.789 亿美元和 14.26 亿美元，参见 'CIA—The World Factbook—Country Comparison: National product'（http://bit.ly/19QwI0, 上线于 2010 年 6 月 21 日）。

[23] John MacKinnon and Haibin Wang, *The Green Gold of China* (EU-China Biodiversity Programme, 2008), p. 278.

[24] ‘China—Country Overview’, The World Bank（http://bit.ly/bLrD5H，上线于 2010 年 6 月 21 日）.

[25] Chunquan Zhu and others, *China’s Wood Market, Trade and the Environment* (WWF, 2004).

[26] Jianguo Liu and others, ‘Ecological Degradation in Protected Areas: The Case of Wolong Nature Reserve for Giant Pandas’, *Science*, 292 (2001), pp. 98-101.

[27] Zhi Lü and others, ‘A Framework for Evaluating the Effectiveness of Protected Areas: The Case of Wolong Biosphere Reserve’, *Landscape and Urban Planning*, 63 (2003), pp. 213-223.

[28] Guangming He and others, ‘Spatial and Temporal Patterns of Fuelwood Collection in Wolong Nature Reserve: Implications for Panda Conservation’, *Landscape and Urban Planning*, 92 (2009), pp. 1-9.

[29] Li An and others, ‘Modeling the Choice to Switch from Fuelwood to Electricity. Implications for Giant Panda Habitat Conservation’, *Ecological Economics*, 42 (2002), pp. 445-457.

[30] Liu and others, ‘A Framework for Evaluating the Effects of Human Factors on Wildlife Habitat: The Case of Giant Pandas’, *Conservation Biology*, 13 (1999), pp. 1360-1370; Liu, ‘Integrating Ecology with Human Demography, Behavior, and Socioeconomics: Needs and Approaches’, *Ecological Modelling*, 140 (2001), pp. 1-8.

[31] Weiqiong Yang and others, ‘Impact of the Wenchuan Earthquake on Tourism in Sichuan, China’, *Journal of Mountain Science*, 5 (2008), pp. 194-208.

[32] He and others, ‘Distribution of Economic Benefits from Ecotourism: A Case Study of Wolong Nature Reserve for Giant Pandas in China’, *Environmental Management*, 42 (2008), pp. 1017-1025.

[33] Alexandra Witze, ‘The Sleeping Dragon’, *Nature* 457 (2009), pp. 153-157; Dajun Wang and others, ‘Turning Earthquake Disaster into Long-Term Benefits for the Panda’, *Conservation Biology*, 22 (2008), pp. 1356-1360.

[34] 魏辅文于 2010 年 3 月 8 日接受本书作者采访时所言。

[35] 刘伟于 2010 年 5 月 9 日写给本书作者的电子邮件。

[36] 约翰·麦金农于2010年3月15日接受本书作者采访时所言。

[37] Wang and others.

[38] Lynne Gilbert-Norton and others, 'A Metaanalytic Review of Corridor Effectiveness', *Conservation Biology*, 24 (2010), pp. 660-668.

[39] *The Giant Pandas of Wolong*.

[40] Wenshi Pan and others, *A Chance for Lasting Survival*; Xuehua Liu and others, 'Giant Panda Movements in Foping Nature Reserve, China', *Journal of Wildlife Management*, 66 (2002), pp. 1179-1188.

[41] Xiangjiang Zhan and others, 'Molecular Analysis of Dispersal in Giant Pandas', *Molecular Ecology*, 16 (2007), pp. 3792-3800.

[42] 王大军于2010年3月7日接受本书作者采访时所言。

[43] 吕植于2010年3月9日接受本书作者采访时所言。

[44] *The Last Panda*, p. 251.

[45] 乔治·沙勒所撰写的前言，参见 George B. Schaller, *Giant Pandas: Biology and Conservation*, p. xii。

[46] Donald G. Lindburg and Karen Baragona, 'Consensus and Challenge: The Giant Panda's Day is Now', in *Giant Pandas: Biology and Conservation*, pp. 271-276.

[47] Swaisgood and others, 'Giant Panda Conservation Science: How Far We Have Come', *Biology Letters* 6 (2010), 143-145.

后记

[1] Schaller, *The Last Panda,* p. 251.

延伸阅读

引言

Desmond Morris and Ramona Morris, *Men and Pandas* (New York: McGraw-Hill, 1966).

Chris Catton, *Pandas* (New York: Facts on File Publications, 1990).

Elena E. Songster *Panda Nation: Nature, Science, and Nationalism in the People's Republic of China* (forthcoming).

George B. Schaller, *The Last Panda* (Chicago: University of Chicago Press, 1993).

Jonathan D. Spence, *The Search for Modern China*, first edn (New York: Norton, 1991).

Will Hutton, *The Writing on the Wall: China and the West in the 21st Century*, (Abacus, 2008).

第一部　与人类的第一次接触

Armand David, *Abbe David's Diary: Being an Account of the French Naturalist's Journeys and Observations in China in the Years 1866 to 1869*, trans. By H. Fox (Boston: Harvard University Press, 1949).

Fa-ti Fan, *British Naturalists in Qing China: Science, Empire and Cultural Encounter* (Boston: Harvard University Press, 2004)

Dwight D. Davis, "The Giant Panda: a Morphological Study of Evolutionary Mechanisms," *Fieldiana Zoology Memoirs*, 3 (1964).

Stephen J. O' Brien *et al*, "*A Molecular Solution to the Riddle of the Giant Panda's Phylogeny*," *Nature*, 317 (1985).

Gregg Mitman, *Reel Nature* (Boston: Harvard University Press, 1999).

Theodore Roosevelt and Kermit Roosevelt, *Trailing the Giant Panda* (New York: Scribner, 1929).

Michael Kiefer, *Chasing the Panda: How an Unlikely Pair of Adventurers Won the Race to Capture the Mythical "White Bear"* (New York: Four Walls Eight Windows, 2002).

Vicki Croke, *The Lady and the Panda: The True Adventures of the First American Explorer to Bring Back China's Most Exotic Animal* (New York: Random House, 2006).

Ruth Harkness, *The Lady and the Panda* (London: Nicholson & Watson, 1938).

Yee Chiang, *The Story of Ming* (Penguin Books, 1945).

Shuyun Sun, *The Long March* (London: Harper Perennial, 2007).

第二部　环游世界之旅

Shu Guang Zhang, *Economic Cold War: America's Embargo against China and the Sino-Soviet Alliance, 1949-1963* (CA. Stanford University Press, 2001).

Judith Shapiro, *Mao's War against Nature: Politics and the Environment in Revolutionary China* (Cambridge: Cambridge University Press, 2001).

Sigrid Schmalzer, *The People's Peking Man: Popular Science and Human Identity in Twentieth-Century China* (Chicago: University of Chicago Press, 2008).

Alexis Schwarzenbach, 'WWF-A Biography', Collection Rolf Heyne (2011).

Max Nicholson, *The New Environmental Age* (Cambridge: Cambridge University Press, 1989).

Elspeth Huxley, *Peter Scott: Painter and Naturalist* (Faber and Faber, 1993).

"The Launching of a New Ark," in *First Report of the President and Trustees of the World Wildlife Fund. An International Foundation for Saving the World's*

Wildlife and Wild Places 1961-1964, (London: Collins, 1965).
Bob Mullan and Garry Marvin, *Zoo Culture*. 2nd edn, (IL: University of Illinois Press, 1999).
Oliver Graham-Jones, *First Catch Your Tiger* (London: Collins, 1970).
Roderick Nash, *Wilderness and the American Mind*, fourth edn (CT: Yale University Press, 2001).
Solly Zuckerman, "What Went Wrong," *Sunday Times*, 10 November 1968.
Ramona Morris and Desmond Morris, *The Giant Panda*, revised by Jonathan Barzdo (London: Penguin, 1982).
Michael R. Brambell *et al*, "An-An and Chi-Chi," *Nature*, 222 (1969).
"Chi-Chi the Panda" (BBC, 1992).
William T. Stearn, *The Natural History Museum at South Kensington. A History of the British Museum (Natural History) 1753-1980* (Heinemann, 1981).
Lorraine Daston and Gregg Mitman, eds, *Thinking with Animals: New Perspectives on Anthropomorphism* (New York: Columbia University Press, 2005).
Sam Alberti, ed., *Afterlives of Animals*, (University of Virginia Press, forthcoming).

第三部　大熊猫的保护工作

George B. Schaller and others, *The Giant Pandas of Wolong* (Chicago: University of Chicago Press, 1985)
Zhi Lü, *Giant Pandas in the Wild: Saving an Endangered Species* (CA: Aperture, 2002).
Ministry of Forestry of the People's Republic of China and WWF-World Wide Fund for Nature, *National Conservation Management Plan for the Giant Panda and its Habitat*, 1989.
Wenshi Pan *et al*, *The Giant Panda's Natural Refuge in the Qinling Mountains* (Peking University Press, 1988).
Wenshi Pan and others, *A Chance for Lasting Survival* (Peking University Press, 2001).
Donald Lindburg and Karen Baragona (eds.) *Giant Pandas: Biology and*

Conservation (CA: University of California Press, 2004).

David E. Wildt *et al*, *Giant Pandas: Biology, Veterinary Medicine and Management* (Cambridge: Cambridge University Press, 2006).

Xiangjiang Zhan *et al*, "Molecular Censusing Doubles Giant Panda Population Estimate in a Key Nature Reserve," *Current Biology*, 16 (2006).

Baowei Zhang *et al*, "Genetic Viability and Population History of the Giant Panda, Putting an End to the 'Evolutionary Dead End' ?," *Molecular Biology and Evolution* 24 (2007): 1801-1810.

Sichuan Giant Panda Sanctuaries-Wolong, Mt Siguniang and Jiajin Mountains-UNESCO World Heritage Centre.

John MacKinnon and Haibin Wang, *The Green Gold of China* (EU-China Biodiversity Programme, 2008).

Jianguo Liu *et al*, "A Framework for Evaluating the Effects of Human Factors on Wildlife Habitat: The Case of Giant Pandas," *Conservation Biology*, 13 (1999).

Jianguo Liu *et al*, "Ecological Degradation in Protected Areas: The Case of Wolong Nature Reserve for Giant Pandas," *Science*, 292 (2001).

Dajun Wang *et al*, "Turning Earthquake Disaster into Long-term Benefits for the Panda," *Conservation Biology*, 22 (2008).

Swaisgood *et al*, "Giant Panda Conservation Science: How Far We Have Come," *Biology Letters*, 6 (2010), 143-145.

致　谢

我要感谢英国侧影图书公司（Profile Books）的每一个人对本书的全力支持和倾情投入，特别是我的编辑彼得·卡森（Peter Carson）和执行编辑彭妮·丹尼尔（Penny Daniel），以及卢克萨娜·雅斯敏（Rukhsana Yasmin）和丽贝卡·格雷（Rebecca Gray）。同样要感谢威利代理公司（Wiley Agency）的詹姆斯·普伦（James Pullen）。

我十分感谢以下诸位，他们愿意献出其宝贵时间接受我冗长的采访：德斯蒙德·莫里斯、伊夫林·邓格、汪铁军、乔治·沙勒、斯蒂芬·奥布赖恩、本·查尔顿、丽贝卡·斯奈德、艾伦·泰勒、罗纳德·斯威古德、唐纳德·林德伯格、戴维·维尔特、霍华德·奎格利、王大军、吕植、朱小建、解焱（Xie Yan）、王梦虎、南希·纳什、萨拉·贝克塞尔（Sarah Bexell）、张志和、约翰·麦金农、魏辅文、马克·爱德华兹、周小平，特别是德夫拉·克莱曼，在她遗憾地于2010年4月去世之前，她阅读了我的大部分手稿并给出了自己的建议。当然，还有更多人在熊猫的故事中扮演了关键角色，由于时间所限，我未能采访他们；本书的写作在很大程度上参考了他们的著作。

除了这些主要的访谈，我还联系了其他许多人，他们愉快地与我进行了交谈，或通过电子邮件回答了我的问题。感谢卡拉·纳皮（Carla Nappi）、苏吉特·西瓦孙达拉姆（Sujit Sivasundaram）、吉姆·恩德斯比、杰兰特·休斯（Geraint Hughes）、彼得·何（Peter Ho）、玛丽·安妮·安德烈、帕特·莫里斯、格雷格·米特曼、朱迪丝·夏皮罗、布莱尔·赫奇斯（Blair Hedges）、古斯塔夫·彼得斯、千日成（Ri-Cheng Chian）、李·哈吉、克兰布鲁克勋爵（Lord Cranbrook）、斯蒂芬·诺特（Stephen Nott）、迈克·克里斯、马特·盖奇（Matt Gage）、蒂姆·伯克黑德（Tim Birkhead）、比尔·霍尔特（Bill Holt）、菲莉帕·斯科特、迈克尔·布拉福德（Michael Bruford）、梅林达·希尔（Melinda Hill）、戈登·科比特、魏柳（Wei Liu）、亚迪拉·加林多（Yadira Galindo）、孙山（Sun Shan）、蓝征（Lan Zheng）、路璋（Lu Zhang）、约翰·汉农（John Hannon）、维姬·克罗克和菲尔·麦克纳（Phil McKenna）。我尤其要感谢埃琳娜·桑斯特和亚历克西斯·施瓦岑巴赫（Alexis Schwarzenbach），尽管他们的研究领域十分相近（桑斯特博士研究熊猫在中国的象征意义，施瓦岑巴赫博士研究世界野生动物基金会的历史），但他们都十分慷慨，愿意阅读我的作品并就其中的某些部分提出意见。本书的第八章“可爱形象长留人间”在萨姆·阿尔贝蒂（Sam Alberti）的建议下进行了润色，其中的某些部分年发表在由弗吉尼亚大学出版社出版的文集《动物们死后的命运》（The Afterlives of Animals）中。在写作的过程中，我同时也撰写博客，这有助于我记录自己的想法，同时获得他人对我观点的反馈，我尤其要感谢切特·金（Chet Chin）、迪伊·加纳（Dee Ganna）、安德烈·科特金（Andrei Kotkin）、安迪·麦克莱恩（Andi McLean）和热罗姆·普耶（Jérôme Pouille）。

我花了很多时间于以下机构阅读晦涩的文献和档案，为此我要感谢的人有：伦敦自然博物馆的波莉·帕里（Polly Parry）、詹姆斯·哈顿（James Hatton）和理查德·萨宾（Richard Sabin）；伦敦林奈学会的吉娜·道格拉斯（Gina Douglas）和琳达·布鲁克斯（Lynda Brooks）；伦敦动物学会的迈克尔·帕尔默（Michael Palmer）和詹姆斯·古德温（James Goodwin）；史密森基金会档案馆的帕梅拉·亨森（Pamela Henson）。巴黎国家自然博物馆的塞西尔·卡卢（Cécile Callou）、柏林自然博物馆的萨斯基亚·扬克（Saskia Jancke）以及卓越的英国动画档案馆的尼古拉斯·希利（Nicholas Hiley）也为我提供了帮助。

我希望你和我一样喜欢本书中的图片，感谢所有允许我在本书中免费复制其作品或照片的人。感谢麦克米伦出版公司提供《自然》杂志中的图片；感谢史密森基金会的熊猫头骨图片；感谢芭芭拉·蒋提供蒋彝漂亮的绘画作品；感谢南希·纳什提供北京动物园的熊猫照片；感谢德斯蒙德·莫里斯提供莫斯科动物园的熊猫照片；感谢卢克·海斯和设计博物馆提供“熊猫之眼”的照片；感谢杰西·科恩和史密森国家动物园提供玲玲和克莱曼博士的照片；感谢乔治·沙勒提供20世纪80年代拍摄于卧龙地区的幻灯片；感谢吕植提供20世纪90年代长青地区的照片；感谢马克·爱德华兹提供正在用瓶子喝奶的熊猫照片；感谢安妮·贝洛夫提供熊猫讽刺漫画。如果没有他们的支持，本书内容的呈现将大打折扣。同样也感谢马丁·鲁比科夫斯基（Martin Lubikowski）提供了非常出色的线描图。

英国作家协会的K.布伦德尔基金资助了我在中国的研究旅程，英国文化协会曾慷慨地邀请我和王大军博士在天津自然博物馆举办讲座。在我为去中国的旅程做准备时，许多人为我提供了良好的建议，特别是亚历克斯·维茨（Alex Witze）、多拉·段（Dora Duan）和李仁贵。除了以上接受我采访的诸位，以下机构的每个人也给予了我诚挚的欢迎，它们是：山水自然保护中心、北京大学自然保护与社会发展研究中心、野生动物保护协会、中国科学院动物研究所、欧盟 - 中国生物多样性计划、成都大熊猫繁育研究基地、中国保护大熊猫研究中心碧峰峡基地。

在写作过程中，我从我的朋友和家人身上学到了很多，包括我的父亲约翰（John）、母亲斯特拉（Stella）、我的同胞汤姆（Tom）和玛丽（Mary），以及马克·拉迪（Mark Ruddy）、休·斯特林（Hugh Stirling）和希拉·斯特林（Sheila Stirling）、扎伊德·阿勒 - 扎伊迪（Zaid Al-Zaidy）、马修·莱亚（Matthew Lea）、马里萨·尚（Marisa Chan）、凯特·莫尔克罗夫特（Kate Moorcroft）、约翰·泰勒（John Taylor）、约翰·惠特菲尔德（John Whitfield）、萨拉·阿卜杜拉（Sara Abdulla）、卡米尔·鲁（Camille Roux）、亚当·拉瑟福德（Adam Rutherford）、汤姆·吉尔摩（Tom Gillmor）和那个外号块根芹十一世（Celeriac XI）的家伙。如往常一样，我尤其要感谢我的三个孩子夏洛特（Charlotte）、哈里（Harry）和爱德华（Edward）。

如果你有兴趣了解本书写作过程中的其他方面或了解熊猫后续故事的最新进展，你可以订阅我的博客：thewayofthepanda/blogspot.com。同时你也可以在“脸书”（http://www.facebook.com/WayOfThePanda）上表达你对本书的喜爱，或在“推特”上关注我的故事（@WayOfThePanda）。

新知
文库

01《证据：历史上最具争议的法医学案例》[美]科林·埃文斯 著　毕小青 译
02《香料传奇：一部由诱惑衍生的历史》[澳]杰克·特纳 著　周子平 译
03《查理曼大帝的桌布：一部开胃的宴会史》[英]尼科拉·弗莱彻 著　李响 译
04《改变西方世界的26个字母》[英]约翰·曼 著　江正文 译
05《破解古埃及：一场激烈的智力竞争》[英]莱斯利·罗伊·亚京斯 著　黄中宪 译
06《狗智慧：它们在想什么》[加]斯坦利·科伦 著　江天帆、马云霏 译
07《狗故事：人类历史上狗的爪印》[加]斯坦利·科伦 著　江天帆 译
08《血液的故事》[美]比尔·海斯 著　郎可华 译　张铁梅 校
09《君主制的历史》[美]布伦达·拉尔夫·刘易斯 著　荣予、方力维 译
10《人类基因的历史地图》[美]史蒂夫·奥尔森 著　霍达文 译
11《隐疾：名人与人格障碍》[德]博尔温·班德洛 著　麦湛雄 译
12《逼近的瘟疫》[美]劳里·加勒特 著　杨岐鸣、杨宁 译
13《颜色的故事》[英]维多利亚·芬利 著　姚芸竹 译
14《我不是杀人犯》[法]弗雷德里克·肖索依 著　孟晖 译
15《说谎：揭穿商业、政治与婚姻中的骗局》[美]保罗·埃克曼 著　邓伯宸 译　徐国强 校
16《蛛丝马迹：犯罪现场专家讲述的故事》[美]康妮·弗莱彻 著　毕小青 译
17《战争的果实：军事冲突如何加速科技创新》[美]迈克尔·怀特 著　卢欣渝 译
18《口述：最早发现北美洲的中国移民》[加]保罗·夏亚松 著　暴永宁 译
19《私密的神话：梦之解析》[英]安东尼·史蒂文斯 著　薛绚 译
20《生物武器：从国家赞助的研制计划到当代生物恐怖活动》[美]珍妮·吉耶曼 著　周子平 译
21《疯狂实验史》[瑞士]雷托·U. 施奈德 著　许阳 译
22《智商测试：一段闪光的历史，一个失色的点子》[美]斯蒂芬·默多克 著　卢欣渝 译
23《第三帝国的艺术博物馆：希特勒与"林茨特别任务"》[德]哈恩斯－克里斯蒂安·罗尔 著　孙书柱、刘英兰 译
24《茶：嗜好、开拓与帝国》[英]罗伊·莫克塞姆 著　毕小青 译
25《路西法效应：好人是如何变成恶魔的》[美]菲利普·津巴多 著　孙佩妏、陈雅馨 译
26《阿司匹林传奇》[英]迪尔米德·杰弗里斯 著　暴永宁、王惠 译

27《美味欺诈：食品造假与打假的历史》[英]比·威尔逊 著　周继岚 译

28《英国人的言行潜规则》[英]凯特·福克斯 著　姚芸竹 译

29《战争的文化》[以]马丁·范克勒韦尔德 著　李阳 译

30《大背叛：科学中的欺诈》[美]霍勒斯·弗里兰·贾德森 著　张铁梅、徐国强 译

31《多重宇宙：一个世界太少了？》[德]托比阿斯·胡阿特、马克斯·劳讷 著　车云 译

32《现代医学的偶然发现》[美]默顿·迈耶斯 著　周子平 译

33《咖啡机中的间谍：个人隐私的终结》[英]吉隆·奥哈拉、奈杰尔·沙德博尔特 著　毕小青 译

34《洞穴奇案》[美]彼得·萨伯 著　陈福勇、张世泰 译

35《权力的餐桌：从古希腊宴会到爱丽舍宫》[法]让－马克·阿尔贝 著　刘可有、刘惠杰 译

36《致命元素：毒药的历史》[英]约翰·埃姆斯利 著　毕小青 译

37《神祇、陵墓与学者：考古学传奇》[德]C. W. 策拉姆 著　张芸、孟薇 译

38《谋杀手段：用刑侦科学破解致命罪案》[德]马克·贝内克 著　李响 译

39《为什么不杀光？种族大屠杀的反思》[美]丹尼尔·希罗、克拉克·麦考利 著　薛绚 译

40《伊索尔德的魔汤：春药的文化史》[德]克劳迪娅·米勒－埃贝林、克里斯蒂安·拉奇 著
王泰智、沈惠珠 译

41《错引耶稣：〈圣经〉传抄、更改的内幕》[美]巴特·埃尔曼 著　黄恩邻 译

42《百变小红帽：一则童话中的性、道德及演变》[美]凯瑟琳·奥兰丝汀 著　杨淑智 译

43《穆斯林发现欧洲：天下大国的视野转换》[英]伯纳德·刘易斯 著　李中文 译

44《烟火撩人：香烟的历史》[法]迪迪埃·努里松 著　陈睿、李欣 译

45《菜单中的秘密：爱丽舍宫的飨宴》[日]西川惠 著　尤可欣 译

46《气候创造历史》[瑞士]许靖华 著　甘锡安 译

47《特权：哈佛与统治阶层的教育》[美]罗斯·格雷戈里·多塞特 著　珍栎 译

48《死亡晚餐派对：真实医学探案故事集》[美]乔纳森·埃德罗 著　江孟蓉 译

49《重返人类演化现场》[美]奇普·沃尔特 著　蔡承志 译

50《破窗效应：失序世界的关键影响力》[美]乔治·凯林、凯瑟琳·科尔斯 著　陈智文 译

51《违童之愿：冷战时期美国儿童医学实验秘史》[美]艾伦·M. 霍恩布鲁姆、朱迪斯·L. 纽曼、
格雷戈里·J. 多贝尔 著　丁立松 译

52《活着有多久：关于死亡的科学和哲学》[加]理查德·贝利沃、丹尼斯·金格拉斯 著　白紫阳 译

53《疯狂实验史Ⅱ》[瑞士]雷托·U. 施奈德 著　郭鑫、姚敏多 译

54《猿形毕露：从猩猩看人类的权力、暴力、爱与性》[美]弗朗斯·德瓦尔 著　陈信宏 译

55《正常的另一面：美貌、信任与养育的生物学》[美]乔丹·斯莫勒 著　郑嬿 译

56《奇妙的尘埃》[美]汉娜·霍姆斯 著　陈芝仪 译

57《卡路里与束身衣：跨越两千年的节食史》[英]路易丝·福克斯克罗夫特 著　王以勤 译

58《哈希的故事：世界上最具暴利的毒品业内幕》[英]温斯利·克拉克森 著　珍栎 译

59《黑色盛宴：嗜血动物的奇异生活》[美]比尔·舒特 著　帕特里曼·J.温 绘图　赵越 译

60《城市的故事》[美]约翰·里德 著　郝笑丛 译

61《树荫的温柔：亘古人类激情之源》[法]阿兰·科尔班 著　苜蓿 译

62《水果猎人：关于自然、冒险、商业与痴迷的故事》[加]亚当·李斯·格尔纳 著　于是 译

63《囚徒、情人与间谍：古今隐形墨水的故事》[美]克里斯蒂·马克拉奇斯 著　张哲、师小涵 译

64《欧洲王室另类史》[美]迈克尔·法夸尔 著　康怡 译

65《致命药瘾：让人沉迷的食品和药物》[美]辛西娅·库恩等 著　林慧珍、关莹 译

66《拉丁文帝国》[法]弗朗索瓦·瓦克 著　陈绮文 译

67《欲望之石：权力、谎言与爱情交织的钻石梦》[美]汤姆·佐尔纳 著　麦慧芬 译

68《女人的起源》[英]伊莲·摩根 著　刘筠 译

69《蒙娜丽莎传奇：新发现破解终极谜团》[美]让－皮埃尔·伊斯鲍茨、克里斯托弗·希斯·布朗 著　陈薇薇 译

70《无人读过的书：哥白尼〈天体运行论〉追寻记》[美]欧文·金格里奇 著　王今、徐国强 译

71《人类时代：被我们改变的世界》[美]黛安娜·阿克曼 著　伍秋玉、澄影、王丹 译

72《大气：万物的起源》[英]加布里埃尔·沃克 著　蔡承志 译

73《碳时代：文明与毁灭》[美]埃里克·罗斯顿 著　吴妍仪 译

74《一念之差：关于风险的故事与数字》[英]迈克尔·布拉斯兰德、戴维·施皮格哈尔特 著　威治 译

75《脂肪：文化与物质性》[美]克里斯托弗·E.福思、艾莉森·利奇 编著　李黎、丁立松 译

76《笑的科学：解开笑与幽默感背后的大脑谜团》[美]斯科特·威姆斯 著　刘书维 译

77《黑丝路：从里海到伦敦的石油溯源之旅》[英]詹姆斯·马里奥特、米卡·米尼奥－帕卢埃洛 著　黄煜文 译

78《通向世界尽头：跨西伯利亚大铁路的故事》[英]克里斯蒂安·沃尔玛 著　李阳 译

79《生命的关键决定：从医生做主到患者赋权》[美]彼得·于贝尔 著　张琼懿 译

80《艺术侦探：找寻失踪艺术瑰宝的故事》[英]菲利普·莫尔德 著　李欣 译

81《共病时代：动物疾病与人类健康的惊人联系》[美]芭芭拉·纳特森－霍洛威茨、凯瑟琳·鲍尔斯 著　陈筱婉 译

82《巴黎浪漫吗？——关于法国人的传闻与真相》[英]皮乌·玛丽·伊特韦尔 著　李阳 译

83 《时尚与恋物主义：紧身褡、束腰术及其他体形塑造法》[美]戴维・孔兹 著 珍栎 译

84 《上穷碧落：热气球的故事》[英]理查德・霍姆斯 著 暴永宁 译

85 《贵族：历史与传承》[法]埃里克・芒雄－里高 著 彭禄娴 译

86 《纸影寻踪：旷世发明的传奇之旅》[英]亚历山大・门罗 著 史先涛 译

87 《吃的大冒险：烹饪猎人笔记》[美]罗布・沃乐什 著 薛绚 译

88 《南极洲：一片神秘的大陆》[英]加布里埃尔・沃克 著 蒋功艳、岳玉庆 译

89 《民间传说与日本人的心灵》[日]河合隼雄 著 范作申 译

90 《象牙维京人：刘易斯棋中的北欧历史与神话》[美]南希・玛丽・布朗 著 赵越 译

91 《食物的心机：过敏的历史》[英]马修・史密斯 著 伊玉岩 译

92 《当世界又老又穷：全球老龄化大冲击》[美]泰德・菲什曼 著 黄煜文 译

93 《神话与日本人的心灵》[日]河合隼雄 著 王华 译

94 《度量世界：探索绝对度量衡体系的历史》[美]罗伯特・P. 克里斯 著 卢欣渝 译

95 《绿色宝藏：英国皇家植物园史话》[英]凯茜・威利斯、卡罗琳・弗里 著 珍栎 译

96 《牛顿与伪币制造者：科学巨匠鲜为人知的侦探生涯》[美]托马斯・利文森 著 周子平 译

97 《音乐如何可能？》[法]弗朗西斯・沃尔夫 著 白紫阳 译

98 《改变世界的七种花》[英]詹妮弗・波特 著 赵丽洁、刘佳 译

99 《伦敦的崛起：五个人重塑一座城》[英]利奥・霍利斯 著 宋美莹 译

100 《来自中国的礼物：大熊猫与人类相遇的一百年》[英]亨利・尼科尔斯 著 黄建强 译